U0728660

李娟娟◎著

怪癖心理揭秘

超实用的38堂心理分析课

The mystery of
eccentric psychology

台海出版社

图书在版编目（CIP）数据

怪癖心理揭秘：超实用的 38 堂心理分析课 / 李娟娟
著 . -- 北京：台海出版社，2023.10
ISBN 978-7-5168-3653-8

Ⅰ . ①怪… Ⅱ . ①李… Ⅲ . ①变态心理学 Ⅳ .
① B846

中国国家版本馆 CIP 数据核字（2023）第 181988 号

怪癖心理揭秘：超实用的 38 堂心理分析课

著　　者：李娟娟

出 版 人：蔡　旭　　　　　　　　　封面设计：异一设计
责任编辑：赵旭雯

出版发行：台海出版社
地　　址：北京市东城区景山东街 20 号　　邮政编码：100009
电　　话：010-64041652（发行，邮购）
传　　真：010-84045799（总编室）
网　　址：www.taimeng.org.cn/thcbs/default.htm
E-ma i l：thcbs@126.com

经　　销：全国各地新华书店
印　　刷：三河市嘉科万达彩色印刷有限公司
本书如有破损、缺页、装订错误，请与本社联系调换

开　　本：710 毫米 × 1000 毫米　　1/16
字　　数：165 千字　　　　　　　印　　张：14.25
版　　次：2023 年 10 月第 1 版　　印　　次：2023 年 10 月第 1 次印刷
书　　号：ISBN 978-7-5168-3653-8

定　　价：49.80 元

版权所有　翻印必究

前　言

一切都要按部就班，稍微有点变故，我就会抓狂；

细菌无处不在，所以我要反复洗手，洗手，一天洗几十遍还不够；

这个家伙明明也不差钱，偏偏要到超市里偷些不值钱的东西；

你见过说谎上瘾的人吗？他说谎并不是为了欺骗你，从你那儿获得什么好处，而是为了满足自己的内心需求，因为他生活在谎言编织的世界里；

……

以上这些心理、行为上的怪癖有没有发生在你的身边，甚至是你自己身上？人的内心世界是错综复杂的，既有光明的一面，也有阳光照不到的阴暗角落。由于种种因素，人的心理可能出现扭曲、失衡，而形形色色的行为怪癖就是人们内心世界失衡的表现。通过透视这些"怪癖"背后的心理机制，我们可以更好地认识自己、认识他人，了解这个千变万化的世界。本书就是以此为出发点撰写的。

书中呈现了让自己和身边人都痛苦不堪的强迫症心理，各种各样的变态心理，如盗窃癖、偷窥癖、撒谎癖、露阴癖等，极端自恋心理，喜欢与人对着干的叛逆心理，以及负面情绪驱使下的各种怪异行为，等等。作者运用专业的心理学知识为我们揭示了林林总总的"怪癖"背后的心理根源——答案要回溯到我们的童年，尤其是我们与父母的关系上。对问题追根溯源的过程，也就是让我们的内心世界恢复平衡，重获安宁与快乐的过程。

目　录

一步步将自己逼入死角——完美主义强迫症

计划之外的变数

电影《混沌理论》中的主人公弗兰克·艾伦是一个奉行完美主义的人，不论是在工作中还是在生活中，他都十分注重做事的效率和计划。弗兰克不允许意外发生，他的人生的每一分钟、每一秒里的每一件事情的发生都是他精心策划和安排的。同时，弗兰克还是一个小有名气的作家，他所撰写的《五分钟效率训练》十分畅销，颇受年轻人追捧。

弗兰克的妻子苏珊和女儿杰西也按照弗兰克的要求过着"计划人生"，生活中没有一丁点儿刺激和新意。她们一直都觉得这样的日子枯燥得令人崩溃。

一天，妻子苏珊决定跟弗兰克开个玩笑，她本想将家里的时钟拨快十分钟，看看弗兰克在计划被打乱后的样子，结果阴差阳错之下，她不仅没将时钟拨快，反而拨慢了十分钟。这十分钟的意外彻底改变了弗兰克井然有序的生活，他的生活从此陷入了一片混乱之中。

按照原定计划，弗兰克会按时起床并赶上早班轮渡，然后去做一个讲座，讲座的主题就是"如何有效利用时间"。结果因为时钟慢了十分钟，弗兰克迟到了，这让他心情很不好。在讲座结束后，弗兰克破天荒地去了酒吧，他想通过喝酒来排解内心的郁闷。

　　在酒吧里，一个金发美女主动和弗兰克喝酒聊天。这位金发美女是弗兰克讲座的听众之一，对弗兰克颇有好感。两人越聊越投机，金发美女甚至主动向弗兰克献吻。就在这时，苏珊打来了电话。这通电话让弗兰克及时制止了自己的冲动行为。他意识到自己差点儿就出轨了，于是立刻离开了酒吧，准备开车回家。

　　在路上，一名孕妇违规驾车，为了躲避弗兰克的汽车而撞上了路边的大树。弗兰克无奈只好下车查看，就在这个时候，孕妇突然要生了，于是他只能以最快的速度将孕妇送往医院。到医院后，情况十分危急，弗兰克只能按照医生的要求留下了自己的联系方式。

　　第二天，弗兰克刚回到家中就被妻子苏珊赶了出来。原来，苏珊接到了医院打来的电话，要求弗兰克去医院将自己的孩子领回家，理由是那名孕妇在产下孩子后不久就私自离开了，面对无人接管的孩子，医院只能按照弗兰克留下的联系方式联系上了他。苏珊接到电话后以为弗兰克出轨还有了孩子，十分生气，冲动之下，连给弗兰克解释的机会都没有，就将他赶出了家门。

　　对于弗兰克这样一个一切以计划为准的人来说，最近所发生的这一切超出计划的事情，都令他焦虑不已。为了证明孩子不是自己的，弗兰克只能去医院做亲子鉴定。他希望亲子鉴定的结果能让自己的生活恢复到之前的状态。

　　亲子鉴定的结果显示，孩子的确不是弗兰克的。但弗兰克却一点儿也高兴不起来，因为鉴定结果还显示他的染色体异常，他患有不能生育的先天性克氏综合征。那么问题来了，7岁的女儿杰西到底是谁的孩子？

意识到妻子背叛了自己后，弗兰克十分愤怒和崩溃，他开始变得歇斯底里和神经质。他决定做些什么来报复苏珊的不忠，于是他到酒吧买醉，并和人打架，还买了一辆红色哈雷摩托车，并骑着它在公路中间驰骋，这些事在他以前的认知中都是极其危险的。弗兰克还去观看了冰球比赛，并在比赛现场裸奔。在工作中，弗兰克不再那么冷静睿智，他在讲座中抓狂，并不断否定自己曾经提出并坚信的"效率训练"。讲座结束后，弗兰克还接受了金发美女的邀请。

放纵过后，弗兰克感觉心情好了许多，就回到了家中。在家里，他发现了一张纸条，是一个名叫巴迪的男人留给他的。巴迪是弗兰克的朋友兼情敌，他告诉弗兰克，他是杰西的亲生父亲。在苏珊与弗兰克结婚前，巴迪曾在一次偶然的情况下与苏珊发生了性关系，实际上苏珊也不知道杰西并不是弗兰克的亲生女儿。

这个消息让弗兰克再次崩溃，他离开了家，并将结婚戒指留在了家里。不知该如何是好的弗兰克去商场买了一把猎枪，他想毁灭点儿什么。巴迪得知情况后，在弗兰克失控之前，及时赶到了他的身边。两人一起坐船来到了湖中央，在一番激烈的争吵中，猎枪走火打漏了船。之后，两人再次争吵，并扭打着跌到了湖里。两人艰难地游到岸边后，巴迪对弗兰克说："如果你真的准备离开苏珊、杰西，远走他乡，那你就是个大傻瓜！我当初爱的是苏珊，但她选择了你。我希望杰西能把我当成父亲，但是在她心中你才是她的父亲。她们爱的是你，我才是最可悲的。"

在经历了一番痛苦的挣扎后，弗兰克决定回到苏珊和杰西的身边。苏珊在得知杰西不是弗兰克的亲生女儿后对他说："孩子是你的，也许不是你亲生的，但她是你的孩子。当杰西扁桃体发炎的时候，是你抱着她度过了三个发烧的夜晚。杰西会说的第一句话就是叫你'爸爸'。还有一次在邮局里，你以为杰西走丢了，你在极度的恐慌中度过了40秒钟。每天早上当你起床看到杰西时，你都会很开心。你爱杰西，杰西也爱你，我们是一家人，我们是亲人。"

在杰西长大后，准备结婚的时候，新郎突然变得犹豫起来，他突然想起了杰西在与自己交往过程中的一次出轨行为，他开始担忧起杰西是否会对自己忠诚。就在这时，弗兰克出现了，他看出了女婿的犹豫，于是给他讲起了自己的这段人生故事，告诉女婿自己也曾有过相同的境遇，杰西并不是他的亲生女儿，但他不会因为一次意外就放弃自己的爱妻和女儿。最终，杰西的婚礼顺利举行。

对完美的追求，几乎是每个人都有的一种心理状态，因为完美会让人产生一种有序的心理体验，这意味着稳定，而无序则意味着混乱。这就好比，人人都喜欢干净整洁的房间，没有人会觉得乱糟糟、垃圾遍地的房间令人心情舒畅。但并不是所有人都有完美主义倾向，更少有人会患上完美主义强迫症。

有完美主义心理倾向的人，会像电影《混沌理论》中的弗兰克一样，将生活中的一切事情都制订成计划，并且严格按照计划执行。只要一切都能按计划来，那么有完美主义倾向的人就会觉得一切都在自己的掌控之中，他会感觉安心，并且很容易在工作或学习中取得不错的成绩。但事实上，人生不会一直都按照计划进行，总有变数于计划之外。对于大多数人来说，计划之外的变数是可以接受的正常现象，人们能在经历变数之后尽快恢复到正常状态。但对于有完美主义倾向的人来说，计划之外的变数就是天大的灾难，哪怕只是无伤大雅的改变，他们都会产生一种"糟糕透了"的感受，甚至会产生十分强烈的病态心理。

有完美主义倾向的人都坚信这样一种理念，即只要努力就能改变一切，就能让一切达到完美的状态。因此有完美主义倾向的人都是努力型的工作狂，他们不会轻易浪费时间在娱乐上，而是长时间处于神经紧绷的状态中，就好像一台上了发条、永远不会停止的机器一样。例如史蒂夫·乔布斯，他的信条就是："一周工作 80 个小时，而且喜欢这么做。"事实上，乔布斯一周工作 90 个小时尚嫌不足。

在现实生活中，不完美到处存在，总会有意外发生。对于有完美主义倾向的人来说，他们会努力改善各种不完美的情况，但如果他们努力了，还是无法达到完美状态，那么他们就会产生强烈的受挫感，从而陷入痛苦和焦虑之中。

强大的精神压力会使有完美主义倾向的人出现许多精神问题，例如抑郁症、厌食症、焦虑症等。他们还很可能会通过酗酒等不良方式来排遣内心的苦闷。

人们常常将优秀与完美主义联系在一起。许多取得巨大成就的名人都有完美主义倾向，他们会不停地朝着自己所制定的完美目标奋斗，并且在这个过程中积累了许多成功的经验。但和有完美主义倾向的人相处并不是一件容易的事情，甚至可能是一场噩梦。

有着完美主义倾向的人往往过度追求完美，他们会用十分严苛的标准给身边的人制定规则，并且要求他们严格按照规则行事。当然，他们也会严格要求自己，是典型的严于律己，且严以待人。完美主义者对他人常常感到不放心，会觉得别人做事马虎，从而喜欢过多干预他人行事。周围的人在和完美主义者相处的时候，都会处于一种精神紧张的状态中，唯恐自己出错，因为一旦出错，完美主义者就会以严厉的批评、失望的眼光、疯狂的抱怨来对待他们，这会给他们带来极大的压力。

再美也美不过想象

娜娜是一个 22 岁的女孩，她有严重的洁癖，常常不可控地反复洗手、洗脸，已经达到了病态的地步。其实，洁癖也是完美主义倾向的一种表现。娜娜对自己的要求很高，她希望自己是个纯洁、美好、善良的女孩，她尤其看重洁身自爱这一点，觉得女孩子就应该矜持。

为了缓解自己的洁癖，娜娜决定去看心理医生。在路上，娜娜遇到了一个男人，立刻产生了十分强烈的想洗脸的冲动，因为她觉得这个人的样子沾到了自己的脸上。其实，娜娜在家里也会有类似的冲动，当她吃饭的时候，如果看到别人，特别是男性，她就会有强烈的呕吐感，她害怕将对方的样子吃下去。尽管娜娜一直告诉自己这只是想象在作祟罢了，但她就是无法控制自己。

心理医生在了解了娜娜的基本情况之后，决定采用意象对话技术，来帮助娜娜挖掘隐藏在她内心深处的意象，并通过改变意象来帮助娜娜克服病态的洁癖。

意象对话技术是心理咨询治疗中一种十分常见的治疗方法。精神分析学派的鼻祖弗洛伊德和分析心理学大师荣格都很看重意象对话技术在心理治疗中的作用。在他们看来，意象具有象征意义，代表着一个人内心深处的各种情感、欲望和念头。比如，弗洛伊德认为蛇具有性的象征意义，因为蛇的形状与男性性器官十分相似。如果一个人梦见了蛇，那么就说明这个人的心灵深处隐藏着性的欲望，而心灵深处则被称为潜意识。除了做梦之外，意象对话技术也可以让人的潜意识浮现出来。在现实生活中，一个人很难意识到潜意识的存在，但潜意识却无时无刻不在影响着人们的行为。

首先，心理医生引导娜娜进行放松。一个人只有在放松状态下，他的潜意识才会浮出水面。然后心理医生引导着娜娜进行想象。在娜娜的想象中，会出现许多不同的形象，这就是所谓的意象，不受意识的控制，会自己出现和改变，与做梦十分相似。这些想象中的意象和做梦时的意象一样，都具有象征意义。

在娜娜的想象中出现了两个完全不同的形象，一个是最纯洁的圣女，她身着白衣，看起来像个不食人间烟火的纯洁仙子。另一个则是最肮脏的魔鬼，他身着黑色大氅，看起来阴暗而丑陋，还露出了十分邪恶的表情。娜娜告诉心理医生，她一直觉得魔鬼和圣女本应该正邪不两立，但他们却说："我们永远不会分开。"

如果说圣女代表着善的力量，那么魔鬼就代表着恶的力量。在人类社会中，善与恶虽然是对立的，但却是共生的。也就是说，没有恶就没有善。人们总希望通过努力来消灭恶的力量，甚至会在自身无能为力的情况下，试图召唤"圣女"，借助"圣女"的力量消灭"魔鬼"。但"魔鬼"的力量永远不会被消灭，因为善与恶本就是一体的，"魔鬼"的背后有"圣女"的力量来源，"圣女"将自己的力量交给了"魔鬼"。"圣女"和"魔鬼"表面上虽然势不两立，但实际上他们是同谋。

对于娜娜来说，她不知道想象中的意象到底具有什么象征意义，就像一个普通人无法理解自己梦中那些光怪陆离的情景一样。于是心理医生将意象的象征意义解释给娜娜听，告诉娜娜圣女与魔鬼同在。心理医生决定引导娜娜进行一次全新的想象，在接下来的想象中，心理医生会有意地改变娜娜的意象，从而达到改变其潜意识的目的。而这个全新的积极意象就是圣女与魔鬼同在。

在娜娜再次渐渐放松之后，心理医生引导着娜娜想象一座房子。然后问娜娜：你想象的房子是什么样的？有没有开着门？娜娜说她看到了一栋没有门的房子。心理医生说："房子一定有门，你仔细找找看，不要着急。"但娜娜就是找不到房子的门，心理医生在进行了三次反复引导后，娜娜才终于看到了门。

在接下来的引导中，心理医生引导着娜娜通过门进入房子中。娜娜第一次试图进去，但没有成功，不过在心理医生的鼓励下，她还是成功走进了房子里。娜娜走进的房子很空，还有许多灰尘。于是心理医生引导着娜娜再仔细看看房子里面有什么。娜娜说她看到了一架钢琴，还有一尊圣母像。渐渐地，圣母像动了，好像活了一样。娜娜坐在椅子上，说自己突然看到了魔鬼，她很害怕。

发现娜娜突然变得紧张起来，心理医生立刻告诉她："放松，放松。你就看看他，他是什么样子？"娜娜说："魔鬼的脸上有许多血，他就悬在半空中，嘴里不停地诅咒着，我感觉他的诅咒沾在了我的脸上，我想洗脸。楼上有许多死人骨头，看起来既肮脏又邪恶。魔鬼现在正在用一口大锅煮毒药，毒药沾到了我的手上，我想洗手。"

就在这时，心理医生突然叫醒了娜娜，让她回到了现实生活中，并让娜娜留意周围的环境，然后告诉她此刻她正在心理咨询室内，刚才的一切不过是她的想象而已，魔鬼不存在，毒药也不存在，更别提会沾到她的手上了。虽然心理医生并未改变娜娜想象中的原有意象，但这种突然的唤醒，也让娜娜进入了真实情景中，帮助她学会区分现实与想象的不同，也有助于她的治疗。

娜娜告诉心理医生，她还是有强烈的想洗手的冲动。心理医生问道："你觉得自己的手不舒服，是因为真的沾上了毒药吗？"娜娜回答说："不是。"心理医生继续问道："在你的想象中，你的手沾上了毒药，但你的真实感受到底是什么呢？现在的你正在心理咨询室内，你要体会一下自己手部的真实感受。现在告诉我，你能区分出想象和真实的感受吗？"娜娜回答说："在我的想象中，我的手沾上了魔鬼的毒药。但真实感受却是，我正坐在心理咨询室内，手放在衣服上，感觉很舒服。"这说明，娜娜已经学会了区分想象与现实。这样一来，每当她想象别人的样子沾在她脸上或手上，产生洗脸、洗手的冲动时，她就可以试着将自己的注意力集中在现实中的真实体验和感受上。

娜娜之所以会产生病态的洁癖，与她追求完美的心态是分不开的。娜娜想让自己像圣女一样纯洁，因此无法忍受一切肮脏的东西，包括性在内。于是娜娜会压抑内心的一切稍显邪恶的念头，这种压抑并不会解决问题，反而让她产生了许多心理障碍。如果娜娜能做到接受自己的不完美，承认自己不是圣女，并且不再压抑性之类的欲望，那么问题就会随之消失。

完美主义强迫症的患者会追求极致的善、纯洁和完美，不允许自己有一点不好的地方，从而将人性中邪恶的一面压抑下去，于是各种各样的心理问题就出现了。在他们的想象中，自己是完美的，那么自己的另一半也必须是完美的，他们会想象出一个完美情人的形象，并且憧憬着一段完美的爱情。但这只能存在于他们的想象中，现实中不会有完美的爱情存在。现实世界永远无法与想象的世界相媲美，因此他们会欺骗自己，将想象世界与现实世界混淆。

提起性，人们常常会联想起本能和欲望。在完美主义强迫症患者心中，性则代表着肮脏，他们无法像普通人一样去享受性生活，即无法自由地释放自己的欲望和本能。他们会按照"完美"的标准来压抑自己的欲望，但是越压抑就越危险。

在《红楼梦》中有一个十分纯洁的人物形象，她就是妙玉。她和上述案例中的娜娜一样也有很严重的洁癖，在刘姥姥进大观园的时候，就因为刘姥姥用她的茶杯喝了茶，她就再也不肯要那茶杯了。作为一个带发修行的居士，妙玉对性的压抑十分强烈，她在被劫之前曾有过"听猫叫春而走火入魔"的经历，由此可见她所压抑的性在潜意识中是多么强烈。

完美主义者通常很难遇到自己想象中的完美情人，为此他们会把偶像明星，甚至某个动漫人物当成自己的完美情人，这使得他们很难在现实生活中获得爱情。因为当完美主义者将想象中的完美情人与现实中的恋爱对象进行比较的时候，会发现现实中的恋爱对象一无是处，无法达到自己的要求。即使完美主义者十分幸运，真的遇到了与想象中完美契合的情人，他也很难全身心地去享受爱情，因为他已经困在完美的枷锁中太久了，以至于忘记了自己的真实需求。

装在"强迫"里的人

月月是一名在校大学生，同时还是一个被强迫症折磨了一年多的患者。在进入大学半年后，月月就开始出现洁癖行为，夏天时她一天得洗好几次澡，这让室友颇为不满，因为月月长时间霸占着卫生间，影响了其他室友使用。月月则总是担心卫生间很脏，在使用卫生间时小心翼翼，会反复检查和擦拭卫生器具，尤其是马桶，生怕马桶上的细菌沾到自己的衣服或皮肤上。当月月得知室友们的不满情绪后十分难过，更加难以面对同学，总想休学回家。

一段时间后，月月发现自己很难集中注意力，很容易忘记自己曾经做过的事情，总是关注一些小小的细节。例如在用水的时候，她会将水龙头开了又关，关了又开，这样才能确定水龙头是自己打开的。在月月看来，只有自己打开的水龙头流出的水才是干净的，别人打开的水龙头流出的水都是脏的。

暑假很快到来了，月月本以为自己回家后情况就会渐渐好转，但事实上并没有。当月月回家后不久，她的父母就发现了女儿的强迫症行为，于是就带着她去看心理医生。

心理医生认为月月的情况与家庭有密切的关系，因为月月的父母总是发生争吵。在月月的母亲看来，月月的父亲不是一个好丈夫，特别小心眼，于是两人经常吵架，她甚至坦言如果不是看在月月的份上，早就和她爸离婚了。但在月月看来，她的父亲却是个好父亲，对她百般宠爱。后来在心理医生的建议下，月月父母的关系得到了改善，月月的症状也有所缓解。但一个学期后，月月的强迫症又复发了，为此月月不得不放弃考试，休学在家并去看了心理医生。

这一次月月换了一个心理医生。心理医生从月月那里了解到，她对大学生活十分不满，她甚至觉得自己所在的大学是最差的学校。月月非常不满意学校的宿舍环境，不仅八个人挤在一个房间里，还没有空调，到了夏天让人难以忍受。月月还不喜欢所学的专业，她一直有转专业的念头，但学校不允许，为此月月甚至产生了退学重考的念头，但父母不同意。

月月还提到了一个室友，她说自己的洁癖就是受到了这个室友的影响。这个室友也有洁癖，十分讲究卫生，觉得什么东西上都有细菌。月月与这个室友的关系不错，在与她相处的过程中慢慢也有了洁癖。

与该室友相处久了，月月就发现她是个非常自私的人，常常会将脏东西放在别人的桌椅上或床上，有时候踩了别人的椅子连擦都不擦。月月开始担心，该室友也会这样对待自己。每次月月回宿舍，就会反复检查和擦拭自己的物品。

有段时间，学校里流传着一个谣言。相传，一家商铺的卫生巾被老鼠咬开了口子，老鼠在卫生巾堆里做了窝。商铺的女主人不舍得扔，就自己用了这些卫生巾。一段时间后，女主人的肚子大了起来，结果检查发现她的肚子里有一窝小老鼠。当然这只是谣传，是不可能发生的，月月也知道，但她还是很害怕。月月告诉心理医生，她尤其害怕老鼠和蛇，每当看到老鼠和蛇的图片时都会很难受，甚至只要听到有人在说老鼠和蛇也会感到不自在。

心理医生在了解了月月的基本情况后，断定月月的强迫症起源于性恐惧。于是心理医生开始询问月月是否有过恋爱经历。月月说，她曾和一个高中同学谈过恋爱，但由于是异地恋，在大一上学期结束时两人就分手了。不过这次分手并未给月月带来什么不良影响。

月月最担心的还是如何适应学校的生活，她也想过退学，但最终还是决定坚持到毕业。月月甚至想着每个周末都回家，但妈妈只允许她一个月回来一次。

最后心理医生告诉月月，她的问题出现在性方面，她对性一直抱着恐惧的态度。在心理医生看来，月月的所有症状所代表的象征意义都与性有关，例如水龙头有象征男性生殖器的意义，反复开关水龙头的动作与手淫很相似，之所以会反复洗手是因为觉得手脏了。此外，月月非常恐惧的蛇也具有类似的象征意义。月月还提到了老鼠窝与怀孕的谣言，这个谣言也带着性意味。

月月之所以会有性恐惧，与她所受到的家庭教育密切相关。在月月的父母那里，性是个讳莫如深的话题，他们甚至还灌输给月月性是不好的东西的观念。月月的父母之所以经常发生争吵，就是因为父亲总是怀疑母亲出轨，只要母亲与别的男性打电话，父亲就会和母亲争吵。父亲虽然很宠爱月月，但对她的管教却十分严格，绝对不允许她与男生接触。有一次，月月和几个同学一起外出旅游，除了几个女同学外，还有几个男同学。父亲得知后，用一种充满敌意的目光盯着月月的男同学。

　　父亲的影响让月月认为性是不好的，是不能碰的。即使随着年龄的增长，月月开始觉得父亲的观点有些偏激，她甚至好几次都觉得父母之间的争吵完全是因为父亲的无理取闹，母亲根本不是父亲所想象的那种会出轨的人，但为了不惹父亲生气，月月总会压抑自己的想法。在月月的意识中，她不会将水龙头、洁癖、蛇与性恐惧联系起来，但在她的潜意识里，她一直受到性恐惧的暗示。

　　父母的言行举止对我们的影响非常大。每个人都有这样的体验——被父母唠叨过。虽然随着年龄的增长，我们会渐渐忘记唠叨的内容，但我们会一直深受这种唠叨的感染，从而产生一种心理暗示，这种心理暗示就藏在我们的潜意识里，我们会在不知不觉中被它影响。

　　如果一个人从小就被父母教导着必须成为一个优秀的人，任何事情都要做到完美。那么，这个人就极有可能会成为一个完美主义者，他会反复地，甚至强迫性地追求完美，他最大的愿望就是能让一切都按照自己的期望来进行。例如，一位有完美主义倾向的母亲，不论是做家务还是教育孩子都按照完美的标准来施行。渐渐地，她的孩子开始出现追求完美的苗头，在学习画画的时候，只要画错了一笔，就会不停地哭。

　　月月的父亲很可能只是想让女儿成为一个洁身自好的女性，但他颇为偏激的方式让月月产生了性恐惧，从而陷入了病态的强迫行为中。渐渐地，月月成了一个被装在"强迫"里的人，她的学习和生活已经被强迫行为干扰得无法正常运转。如果不是心理医生帮她分析，月月或许永远无法将性恐惧与强迫症联系起来。

　　强迫行为除了会打乱一个人正常的生活外，还会使一个人产生抑郁倾向，有不少强迫症的产生都会伴随着抑郁症的出现。这种常人难以理解的痛苦，会使一些患者产生通过死亡来获得解脱的念头。调查显示，当强迫症状与抑郁情绪共同出现时，患者可能会出现自杀行为。

完美主义强迫症与洁癖有着十分密切的联系。当然除了洁癖外，也会有其他许多表现形式，不过洁癖是出现频率最高的。表面上看起来，强迫症患者的洁癖表现是害怕不干净的东西，实际上他们是在进行内在的自我保护。

当然，对完美主义的追求本身并不是错误的。健康的完美主义会给一个人带来满足感或创造感、贡献感，通常情况下，完美主义被与高标准、高期望联系起来。可是当完美主义不健康，甚至呈现出病态的时候，对完美主义的追求就会带来无尽的痛苦，会让人产生极大的挫折感。健康的完美主义能促进一个人走向成功，会使一个人在辛苦工作和克服困难中体会到真正的快乐；而病态的完美主义根本无法让人从工作中获得快乐，在完美主义强迫症患者看来，所有事情都有瑕疵，无论是他人还是自己都没能尽全力，所以他们永远无法获得满足与快乐。

欲罢不能的强迫行为

"火柴人"是一句美国俚语，是指能让人掏心掏肺外加掏钱的骗子。一个厉害的火柴人，即使他只有一盒火柴，也会通过十分高明的骗术让火柴的效能远远超过它本身所拥有的功能，从而让许多人拿着现金抢着购买火柴。在电影《火柴人》中，罗伊·沃勒就是这样一个骗术高超的骗子，他聪明而且大胆，利用人们爱占便宜的心理获得了大量的不义之财，而且他的骗术一直在不停地变化着、翻新着。同时，罗伊还是个强迫症患者，他有洁癖，还害怕日光。罗伊有一个默契的搭档，名叫弗兰克·默瑟，罗伊对弗兰克可谓百分之百的信任。

罗伊的私生活十分糟糕。他与妻子离婚 15 年了，一直独自一人生活，陪伴他的只有一条塞满了钞票的雕塑狗。罗伊害怕日光，每次出门都会戴着深色眼镜，不然就会出现头晕的症状。罗伊有强迫性关门的习惯，每次开关门都要数三下；还有强迫性洁癖，不允许自己的房间里出现任何一丝不整洁的情况，当看到游泳池里有两片树叶时都会立刻捞起来。种种强迫行为已经严重影响了罗伊的生活，他只能去看心理医生。

心理医生在了解了罗伊的基本情况后，给他开了药，并让罗伊相信只要吃药症状就会减轻。吃过药后，罗伊的强迫行为的确有所缓解，可一旦他不及时吃药，他的强迫性的症状就会加重，他就会疯狂地打扫自己的房间。讽刺的是，心理医生给罗伊开的药都是假的，根本不是针对他的病症，罗伊服用后之所以会产生症状减轻的感受，是因为他的强迫性行为都是心理因素在起作用。

对于自己的诈骗行为，罗伊虽然一直声称这是一门艺术，被害者都是在他的说服下主动将钱给他的，他既没偷也没抢。但实际上，在罗伊的内心深处，他一直在为诈骗而承受道德谴责。他虽然得到了许多钱，但并不快乐，反而更加孤独和空虚，因此才会出现强迫症。

一次，罗伊打翻了所有的药，恰巧当时他的心理医生正在外度假，于是罗伊只能临时找了另一个心理医生。在治疗过程中，罗伊意外得知自己和前妻有一个女儿，名叫安吉拉，这个 14 岁的女孩开始介入罗伊的生活。

罗伊体会到了正常人的生活，开始觉得这样的生活才能让他觉得快乐和满足，遂产生了金盆洗手的念头。但后来安吉拉意外知道了罗伊是个骗子，她对骗术产生了极大的兴趣，并威胁罗伊教授她各种骗术。安吉拉非常聪明，很快就成了罗伊的得力助手。在第一次骗人计划成功后，安吉拉得到了一些钱。就在安吉拉十分高兴的时候，罗伊提出让她把钱退回去，他只希望女儿能体会一次骗人的乐趣，但并不想让女儿和自己一样成为一个骗子。

在一次共同行动中，罗伊、弗兰克和安吉拉的骗术失败了，被欺骗的胖子发现钱被调包后十分生气，一直追赶这三个骗子，不过罗伊三人最后还是侥幸逃脱了。这次的经历让罗伊下定决心结束骗子生涯，就在他准备争夺安吉拉的抚养权时，胖子找上了门。在混乱之中，安吉拉杀死了胖子。

面对这种突发状况，罗伊迅速做出决定，找来了弗兰克，让他带走安吉拉，自己留下来承担所有的责任。安排好一切后，罗伊回到家中准备处理尸体。就在这时，罗伊遭到袭击，丧失了意识。

罗伊醒来后，发现自己躺在医院中，旁边是警察，警察让罗伊交代安吉拉和弗兰克的下落。罗伊拒绝交代，并且以自己患病为由要求见他的心理医生。在和心理医生见面后，罗伊悄悄告诉了他保险柜的密码，那里有罗伊的全部财产，他嘱咐心理医生一定要如实转告安吉拉。

等心理医生走后，罗伊终于松了一口气。不久，罗伊开始觉得热得难受，于是就请警察打开空调。但根本无人理会罗伊，罗伊只能下床去看看，等罗伊走出房间后才发现一个人也没有，他并不在医院里，这里只是一个普通的空房间，被假扮成医院病房。罗伊立刻去找前妻，他从前妻那里得知，他们根本没有孩子。这时罗伊才恍然大悟，他上当了，他所有的积蓄都被骗走了，他成了一个身无分文的穷光蛋。原来这是弗兰克布下的一个骗局，目的就是得到罗伊的保险柜的密码，从而得到罗伊的所有财产。至于安吉拉，她根本不是罗伊的女儿，只是弗兰克实施骗局的一枚重要棋子而已。

弗兰克虽然不如罗伊聪明，但却比罗伊更无情，不然也不会利用罗伊的信任以及对亲情的渴望来布下这个大骗局。

从此以后，罗伊彻底金盆洗手，因为他明白了自己真正想要的幸福是什么，他想要做一个平凡的好人。于是罗伊与前妻复婚，有了一个幸福美满的家庭，他开始变得快乐起来，之前困扰他的强迫症也随之消失了。

一年之后，罗伊与那个欺骗他的女孩意外相遇。罗伊不仅没有斥责、拆穿她，反而像以前一样和她聊天。在临别前，女孩问罗伊："难道你不想知道我的名字吗？"罗伊说："我已经知道你的名字了。"女孩愣了一下后笑着对罗伊说："我还会来看你的，爸爸。"

最后罗伊回到了家中，他的妻子正在厨房忙碌，桌子上摆满了美味的饭菜。罗伊从背后抱住妻子，然后俯身去听妻子肚子里胎儿的心跳声。

虽然罗伊被安吉拉、弗兰克骗走了所有的财产，但他却得到了灵魂的救赎，他也因此摆脱了内心的阴影和矛盾，开始变得快乐起来，他的强迫症也随之消失无踪了。

提起强迫症，我们往往会联想到一些"板正"到有些可笑的行为，例如东西必须得摆成直线，走路必须顺着地砖的格走，等等。不少影视剧中，也会利用强迫行为营造出喜剧的氛围，甚至网上常常会出现一些声称会逼死强迫症的图片，比如故意将一些物品摆放在桌子的边缘处。但强迫症并非常人想象的那么轻松，它是一种精神障碍，会给患者的生活带来极大的痛苦，有的患者甚至因无法承受这种痛苦而选择了自杀。

与焦虑症、抑郁症等精神障碍不同，强迫症更为复杂，治疗起来也更加困难。强迫症之所以会让患者觉得痛苦，很大程度上是因为患者有强迫和反强迫的意识，当这两者并存的时候，就会让患者处于一种左右为难、自我厮杀的痛苦之中。他们明明知道自己的强迫性想法或冲动是自身的问题，是病态的，想要压抑下去，但根本无法控制自己。例如有的强迫症患者有洁癖，对病菌很敏感，总会反复洗手，明明知道这样做毫无必要，但还是忍不住去做；遵守特殊的顺序通常也会出现在强迫症患者的身上，例如穿衣、清洗、吃饭和走路等行为必须得按照自己的顺序来，不然就会觉得痛苦不堪；还会经常做一些毫无意义的反复性行为，例如反复检查门窗、电灯、煤气的开关，以及钱物、文件、表格、信件等。

最让人难以理解的是强迫症患者的怪癖联想能力，当他听到某一句话时，他就会不断地进行联想，很难停下来。小强是一个强迫症患者，他最苦恼的就是自己总是忍不住对某事进行疯狂的联想，一联想就停不下来，根本无心做其他事情。例如当小强看到一部手机，他就会开始想手机有什么用，上课玩手机会有什么后果，买手机得花多少钱，父母是否会同意，如果不同意自己有什么办法，等等。他会一直进行联想，即使很累也无法停下来。小强也想控制自己，但没什么效果，反而会觉得非常痛苦。不过如果有人强行打断他的联想，他还能做到就此终止联想。

强迫症常常与反复的行为联系起来。其实在童年时期，我们每一个人都会出现反复性行为，例如总是喜欢反复做一件事情，可是在成年人的眼中，这种反复性行为是极端无聊的。随着年龄的增长，我们会渐渐摈弃反复性行为，可是当一个人处于高压状态下时，他就会产生一种反复做某事的冲动，在极端情况下就会发展成为强迫症，就好像电影《火柴人》中的罗伊一样。罗伊就是因为内心中谴责自己的行骗行为，才出现了强迫症。

当然，在确诊强迫症的时候，不能轻易对号入座，不能因为只有一些简单的反复性行为，就认定自己有强迫症。通常情况下，强迫症会严重影响患者的生活，逼迫他们将大量时间浪费在反复性行为上，不仅会让患者的做事效率急剧下降，还会给患者的社交能力带来损害。

反强迫也是强迫症的一个显著特征。当强迫性行为发展到病态的程度时，患者自己也无法忍受，于是就会产生极力摆脱强迫性行为或想法的冲动，但由于他们无法进行自我控制，因此会感觉十分痛苦。有的强迫症患者能在公开场合尽量避免出现强迫行为，但当他独处时，强迫性想法或行为会变得更加强烈。

提起自杀，我们常常会想到抑郁症，但实际上，许多强迫症患者也会出现自杀行为。对于强迫症患者来说，他们会产生一种十分强烈的受挫感和无能感，因为他们在反强迫的过程中会意识到自己很没用，甚至无法控制自己的思维和行为，从而产生痛苦和绝望。一名留学生就曾因忍受不了强迫症的折磨而自杀，她留下的遗书中有这样一句话："不要救我，我太痛苦了。"

024 / 怪癖心理揭秘：超实用的 38 堂心理分析课

摒弃病态的完美主义

贾女士在一家企业担任出纳一职，她有着丰富的经验，工作态度也十分认真，在任职的 20 多年内从来没有出过差错。最近一段时间，家人和同事渐渐发现贾女士对工作更加认真谨慎了，甚至已经达到了病态的地步。有一次，一位同事从贾女士手中取走了 3000 元现金。取钱时，贾女士就反复数了五遍，在交给对方后还不停交代，让对方看看数目是否正确。后来，这名同事离开后，贾女士依旧不放心，开始给对方打电话确认，甚至还专门跑到对方的家里去确认。

回到家里，贾女士的大脑也不会闲着，她会不停地回忆当天的工作场景，从而确认自己当天是否出错。贾女士通常会反复回想三五遍，这浪费了她大量的时间，使得她在工作时变得力不从心，工作效率明显下降。一段时间后，贾女士再也无法胜任工作，只好在家中休息。

但贾女士并未在家中好好休息，而是开始强迫性地反复洗手，她觉得自己的手经常数钱，沾了许多细菌。起初贾女士只是洗一个小时，渐渐发展成了两个小时、三个小时，她的双手已经被洗得泛白了。最后家人实在看不下去了，将她强行从卫生间里拉出来，并带着她去看心理医生。

心理医生注意到，贾女士的双手虽然已经被洗得泛白，但贾女士的身上却有一股难闻的味道，头发也是一缕一缕的，看起来已经很长时间没洗澡了。果然，贾女士的家人告诉心理医生，她已经有一个月没洗澡了，因为她不会主动去触碰花洒，她觉得花洒很脏。

当心理医生提出让贾女士去医院的卫生间洗手时，贾女士直接拒绝了。她说医院的水龙头很脏，最后甚至将双臂抱在胸前，把两只手藏了起来。

坐了一会儿后，贾女士突然站了起来，她说想回家。在离开前她还提醒随同的家人，看看有没有东西落下了。贾女士的家人对心理医生说，贾女士平常就是这么谨慎，生怕落下什么。平时开车时，贾女士从来不会开车窗，她担心车里的东西会在她不注意时被风刮走。

心理医生告诉贾女士的家人，她患上了强迫症。贾女士因为长期的职业习惯，养成了小心翼翼、容易紧张的性格，非常害怕出错，当工作压力变大时，她就出现了强迫性行为。心理医生建议贾女士的家人，先让贾女士服用药物控制住强迫症的症状，随后再施加心理和行为治疗。最后心理医生还特意嘱咐道，尽量控制让贾女士洗手，最好只让她在饭前便后洗手。

后来心理医生了解到，贾女士从小就生活在一个非常严厉的家庭环境中，父母对她的学习成绩要求很高。贾女士自己也很争气，会严格要求自己，在多次考试中都取得了满分的成绩。但人无完人，再完美的人也会出现失误。有一次，贾女士考了99分，母亲知道后狠狠地批评了她，在母亲看来，这1分的失误都不应该出现。贾女士不仅学习成绩好，还有着很好的学习习惯，她的书包和书桌永远都整理得井井有条的。在写作业的时候，贾女士也会尽量做到完美，作业本上不仅不能有一点脏污，作业成绩还必须是优，不然就会被父母要求重写。这样的成长经历让贾女士养成了做事有条理，但过分追求完美的性格。这样的性格特征表面上看起来是优秀的，但却是导致强迫症的潜在因素。

强迫症属于一种心理疾病。提起心理疾病，我们常常会产生一种探究其病因的冲动。强迫症的形成因素有许多，例如上述案例中提到的家庭教育，此外，周围的环境也很重要。没有人的人生能一帆风顺，一个人若在生活中遭遇一系列压力事件，就可能导致强迫症的发生或复发，例如贾女士所面临的工作压力。还有一个十分关键的因素，即强迫症患者的性格特点。在上述案例中，贾女士是典型的乖乖女，也有许多人会面临和贾女士一样的教育环境，但他们并不会一味地迎合父母的要求，尤其是无理的要求，而是会无视或者反抗，这有助于宣泄压力，减少患上强迫症的概率。

有一种人格被称为强迫型人格，主要特点有：认真、严于律己、强调细节、呆板保守、拘谨、小心翼翼。具备这些人格特点的人很容易在遇到压力事件时，陷入自我怀疑之中，担心达不到要求而处于紧张和焦虑中。那么，具体该如何判断一个人是否是强迫型人格呢？

在以下所陈述的特点中，只要有三项符合，那么就可以判断为强迫型人格：

1. 做任何事情都要达到完美无缺的要求，还要按部就班地做，从而影响工作效率；

2. 会用十分严苛的规定要求别人做事，别人必须得符合他的完美标准，不然就不放心；

3.犹豫不决，尤其是需要做出决定时，常常优柔寡断；

4.没有安全感，总是担心自己的计划或行为不够完美，从而出现反复强迫性的检查，唯恐出现差错；

5.注意力永远集中在细枝末节上，甚至连一些微不足道的小事也必须按照计划进行；

6.在完成一项任务时，无法获得满足感，常常会觉得自己做得不够好；

7.对自己十分严格，把心思都放在工作上，不懂得放松和娱乐。

加拿大约克大学健康心理学教授戈登·弗莱特博士在研究人的完美主义倾向时，将完美主义者分成了三大类，即自我导向型、他人导向型和社会导向型。其中自我导向型的完美主义者对自己的要求十分严格，很容易发展成我们所说的"工作狂"；他人导向型的完美主义者对身边人的要求很严格；社会导向型完美主义者则会努力满足他人的要求，追求大众眼中的完美。调查研究显示，社会导向型完美主义者更容易出现睡眠和健康问题，常常会出现失眠和就医的情况。

病态的完美主义常常与一个人的寿命密切相关，据调查，如果太过追求完美，会使早亡概率增加51%。这是因为病态的完美主义者常常处于消极情绪中，产生心脏病的概率是常常保持乐观情绪者的三倍。病态的完美主义者不仅很容易患上心脏病，并且在治疗时，康复的速度也非常缓慢。因为他们的消极情绪造成了巨大的自我压力，从而影响了他们的身体健康和康复进度。

一个人的心理健康与社会支持密切相关，但完美主义者恰恰缺少社会支持。在遇到一些自己难以解决或根本无法解决的困难时，普通人通常会寻求他人的帮助，但完美主义者则会选择硬扛，他们认为自己能解决，有的完美主义者甚至不相信别人能完美地解决问题。比如当一个完美主义者面对一大堆要清洗的衣物时，他会一件一件仔细认真地清洗，即使有其他更重要的事情要忙，他也不放心交给别人，担心别人洗不干净。在巨大的心理压力下，人的肾上腺素和去甲肾上腺素水平都会提高，从而出现心跳加快、血压升高等症状，很容易使消化系统和心血管系统、代谢系统出现疾病。有一项调查研究显示，完美主义者更容易出现肠易激综合征。普通人出现肠易激综合征的概率是 20%，完美主义者的概率则高达 40.7%。此外，研究还发现完美主义者更容易发生暴饮暴食。

人们常常将追求完美与成功联系在一起，例如乔布斯就是一个完美主义者。但当一个人的完美主义倾向开始变得病态时，那么对完美的追求就会渐渐将这个人逼入绝境。如果对完美的追求已经无法给你带来满足感和快乐，反而带给你无法摆脱的痛苦，那么你就应该试着摒弃这种病态的完美主义，学会承受不完美的自己。

顾圣婴是 20 世纪五六十年代的一名杰出的女钢琴家，但在那个社会动荡的年代里，当社会的风雨涌来时，她选择了自杀，她的死让许多人都觉得惋惜。对于顾圣婴来说，她一直生活在音乐的象牙塔之中，她的世界是完美的，因此当社会的风暴袭来时，她无法接受现实的打击和不完美，于是就选择了自杀。

聂绀弩和顾圣婴一样都是文艺工作者，他是一名诗人和散文家，在当时也面临着和顾圣婴一样的境况，被发配到了北大荒进行劳动改造。每天伴随聂绀弩的除了艰苦的生活外，还有繁重的劳作。但聂绀弩并不觉得痛苦不堪，他甚至在锄草时灵感乍现作了一首诗："培苗每恨草偏长，锄草时将苗并伤。三月百花初妩媚，漫天小咬太猖狂。为人自比东方朔，与雁偕征北大荒。昨夜深寒地全白，不知是月是春霜。"如果聂绀弩在北大荒接受劳动改造的时候坚持追求完美主义，不向现实妥协，那么他就等不到迎来光明的一天。

鲜为人知的黑暗面——变态心理揭秘

随处可见的"熊孩子"

电影《春夏秋冬又一春》中有这样一个片段，一个长得虎头虎脑的小和尚在山间玩耍，他将拣来的石头绑在小鱼、小蛇、青蛙的身上，然后看着小动物痛苦挣扎的样子笑得十分开心。

这一幕被老和尚看到了，他并未马上制止，也没有斥责小和尚，但为了让小和尚明白这种行为会给小动物带来怎样的痛苦，他将一块大石头绑在了小和尚的身上。身上的石头非常重，给小和尚的生活带来了极大的不便和痛苦，于是小和尚主动向老和尚认错。这时老和尚示意他将那些小动物身上的石块卸掉，然后他就可以卸掉自己身上的石块了。当小和尚找到那些小动物时，他惊讶地发现那些小鱼、小蛇和青蛙已经因不堪重负而死了。小和尚伤心地大哭起来，他的无心之举给小动物带来了致命的伤害，他开始明白自己之前的快乐是建立在其他生命的痛苦之上的。

渐渐地，小和尚长大了，成了一个 17 岁的少年。这时，寺庙里来了一个养病的少女，这名少女的到来让少年和尚春心大动，于是他经不住诱惑和少女发生了性关系。老和尚得知两人的事情后，就将少女送走了。少女走后不久，少年和尚再也无法忍受青灯古佛的枯燥生活，遂跟随着少女的脚步偷偷离开了寺庙。

几年后，寺庙的宁静再次被打破，已长成青年的和尚回到了寺庙中，但这时的他已经成了报纸上通缉的杀妻逃犯。青年和尚想躲在这个与世隔绝的地方，逃避法律的制裁，殊不知警察已经追踪到了这里。青年和尚之所以会杀死妻子，是因为妻子背叛了他。尽管妻子已经死了，但青年和尚依旧没有逃出自己的心魔，在宁静的寺庙中痛苦不堪，动不动就歇斯底里。老和尚将青年和尚痛打了一顿，然后在寺庙前的木地板上写下了《般若波罗蜜多心经》，并命令青年和尚用随身携带的凶器——一把带血的刀将《般若波罗蜜多心经》刻出。

刚开始，青年和尚既急躁又疯狂，整个人显得十分痛苦。这时，缉拿青年和尚的警察来了，看到警察后青年和尚濒临崩溃。老和尚请求警察给青年和尚一些时间，让他把《心经》刻完。在雕刻《心经》的过程中，青年和尚慢慢不再痛苦，眼睛中的戾气也渐渐散去，他开始变得平和而专注。最终在黎明前，青年和尚完成了《心经》的雕刻。

出狱后，青年和尚已成了中年人，他回到了寺庙中，此时老和尚已经死去，寺庙中只剩下他一个人。中年和尚开始潜心修行，他还得到了一本武功秘籍，每天都会进行练习。

一天，一个蒙面女人抱着一个婴儿出现在寺庙中，她恳请中年和尚收养婴儿。半夜时分，蒙面女人匆匆离开了，离去途中意外跌入中年和尚平时用于洗漱而凿开的冰洞中，并因此而丧命。中年和尚的无心之举使得一条生命逝去。从此之后，中年和尚开始像年幼时被老和尚惩罚的那样，身负重石。或许他在惩罚自己，又或许这在他的心目中也是一种修行。

渐渐地，中年和尚变成了老和尚，那名婴儿也长大了，成了和老和尚相依为命的小和尚。小和尚和师父当年一样，也很喜欢拿小鱼、小蛇之类的小动物取乐，不过他的做法变本加厉，直接将石块塞入了小动物的口中，小动物一下子就被石块给撑死了，这时老和尚就用师父曾经教育他的方法来教育小和尚。

这部电影用春、夏、秋、冬四个季节来代表人生中的四个阶段。春：小和尚虐待动物，并在被老和尚惩罚后改过；夏，少年和尚荷尔蒙旺盛，难以抵挡诱惑；秋，青年和尚因嫉妒而犯下谋杀罪；冬，青年和尚渐渐变老，想要在寺庙里过上清静的生活，却被迫收养了一名婴儿。如同电影的名字"春夏秋冬又一春"一般，婴儿长大后成了又一个"小和尚"。

在许多人的眼中，孩子的世界应该是纯洁美好的，但实际上有不少孩子的世界中充满了虐待和欺辱。对于小和尚来说，他虐待小动物的行为虽然在别人看来分外残忍，但对于他来说却是一个十分有趣的游戏。这些小动物对小和尚而言，是毫无抵抗力的生命，不论小和尚怎样对待它们，它们的反抗都不会给小和尚带来伤害，于是看着小动物痛苦挣扎的样子，小和尚觉得开心不已。

为什么小和尚会这样做呢？这或许与小和尚的成长环境密切相关。在寺庙的生活虽然清静，但对于一个精力旺盛的小孩子来说，未免有些太枯燥了，小和尚一定十分孤独。老和尚是小和尚的监护人，但他的心思差不多都用在潜心修行当中，无暇顾及小和尚的心理需求。虽然之后他在发现了小和尚的恶劣行为后对他进行了教育，但寺庙生活终究让小和尚缺少了很多必经的考验和磨炼，以至于他根本没有抵抗诱惑的能力。

因杀人入狱的青年和尚在出狱后，为了赎清自身的罪孽回到寺庙里修行。后来一个蒙面女人带来了一个婴儿，这本是他清修生活的一个意外。再加上蒙面女子因自己凿出的冰洞而亡，青年和尚更觉罪孽深重，于是在之后的日子里，他更加重视自身的修行，顺带抚养婴儿长大。在这种被忽视的环境中长大的婴儿成了又一个"熊孩子"，开始以更加残忍的方式虐待小动物。

当我们看到一些调皮、不服从管教的孩子时，通常会将他们称为"熊孩子"。"熊孩子"不仅有强烈的好奇心和旺盛的破坏欲望，最重要的是他们还站在"弱势群体"的一端受到保护。这或许也是许多人对"熊孩子"恨得牙痒痒的原因所在。每当"熊孩子"犯错误时，他们的父母就会随口说出一句冠冕堂皇的话："他还是一个孩子。""熊孩子"搞破坏的行为，有时可能只是一个恶作剧，却会引发十分严重的后果。

一日，某医院急诊接待了一名头部受到重创的女患者。经检查，这名女患者的头部出现了粉碎性骨折，最终因抢救无效而死亡。这名女患者在一家纺织厂工作，两个月前刚举行了婚礼。到底是谁将她的头砸成了粉碎性骨折呢？事发小区的监控视频拍下了这一幕。

在事发当天下午，她正好和女同事相约去洗澡，女同事骑着电动车，而她就坐在电动车的后面，在路过事发小区的时候，突然从天上飞下来一块砖头，砸在了她的头上。砖头是从24层楼的天台上被扔下的，而扔砖头的是两个男孩。

当天下午，两个小男孩在玩耍时爬到了24层楼的天台上。玩了一会儿后，两人开始觉得无聊，这时他们看到天台上堆放着一些杂物，就想往楼下扔东西，并觉得这样一定很好玩。他们先扔下去一堆烂棉花，在扔之前，还将矿泉水倒在上面，从而增加棉花的重量。随后，不断有矿泉水瓶、木棍、瓶盖、易拉罐、石子、碎砖头等东西从楼上被扔下来，直到受害者被砸中。

后来两个男孩也知道自己犯了错，开始害怕起来，在下楼的时候没敢乘坐电梯，直接从楼梯上走了下来。当他们看到满头是血的受害者躺在地上时，都没吭声，像围观的居民一样。两人在玩了一会儿后就回家了，回家后也没将此事告诉父母，直到晚上 11 点左右被警察找上门来，原来小区的监控已经拍下了两人的行动轨迹。

"熊孩子"之所以会乐此不疲地搞破坏，给周围的人带来麻烦，是因为他们能从破坏的行为中得到乐趣，甚至会产生强烈的兴奋感，即使事后可能会被父母教训。但大多数人随着年龄的增长会慢慢忘记这段热衷于给别人制造麻烦的时光。

"熊孩子"的年龄普遍比较小，通常集中在幼儿园到小学三四年级之间。由于年幼，他们的心智和行为发展水平都没有达到社会所期待的标准，因此他们很容易做出一些不合时宜的行为。在上述案例中，那两个"熊孩子"或许只是希望通过扔东西来排遣无聊，但让他们万万没想到的是，这种"游戏"导致了一个人的死亡。

随着年龄的增长，许多"熊孩子"会渐渐成为符合社会标准的成年人。那么这是否就能说明，人类社会的文明能消除人性中恶的一面呢？或许随着年龄的增长，"熊孩子"们渐渐学会了将破坏欲隐藏在内心深处，不再轻易表现出来，也不再用恶作剧的方式来释放自己的破坏欲。但是破坏欲所带来的兴奋感依旧存在，当我们去探究自己内心的阴暗面时，破坏欲就会渐渐浮出水面。

当一个人产生无能感的时候，他就觉得自己是被动的，会因此产生破坏欲。这也是许多"熊孩子"喜欢搞恶作剧、制造麻烦的原因所在——既然我的行为无法像成人一样创造价值，那么我就搞破坏，并从搞破坏中获得一种自我效能感，觉得自己有用。其实成年人也是如此，总希望通过获得自我效能感来肯定自己的存在。

你痛苦所以我快乐

　　1993 年 3 月 10 日，西宁市一个年仅 5 岁的女童死在了家中。法医在为她进行尸检的时候，看到了令人震惊的一幕：她的全身上下几乎布满了伤痕，有的地方甚至已经溃烂还流着脓水；嘴唇和下巴被烫伤；手指甲因严重淤血而变得乌黑。死者是一个 5 岁的女童，但她的身高却不足 95 厘米，整个人瘦骨嶙峋。很显然，她生前一定遭受了非人的虐待。那么，到底是谁会对一个年仅 5 岁的孩子下此毒手呢？真相让人大跌眼镜，下手的竟然是她的亲生母亲。

　　其实早在 1990 年，这名女童被母亲虐待的事情就被曝光过。当时，《人民公共安全专家报》《青海日报》《西宁晚报》都做了报道，这一恶行引起了不小的轰动。

　　那是 12 月 10 日的晚上，邻居到女童家中去借电路保险丝。她一进门就看到了女童跪在搓衣板上，她的母亲看到邻居后还不断用身体遮挡其视线。这让邻居起了疑心，她联想起了有关这个女人虐待小女儿的传言，于是一下子推开女人，结果看到女童的嘴上到处都是血，细心的她还发现女童的嘴上被用线缝了四针，线头还被打了结，就垂挂在她的嘴边。

　　邻居目睹这残忍的一幕后立刻质问道："你这是干什么？"女人不

屑一顾地说："这死丫头被我发现偷吃鸡食，那么脏的东西怎么能吃，于是我就缝住了她的嘴，看她以后还偷吃不偷吃了！你不要告诉别人，我马上就将线给拆了。"说着，女人就抓起打结的线头，用力把线拉了出来。

邻居回家后将看到的一切告诉了家人，家人又惊讶又气愤，立刻向街道居委会反映了这一情况。很快，居委会负责人就来到了女人的家中，并发现女童的脖子上有两处淤血，鼻子和脸颊上有四处青紫痕迹，上下嘴唇处有四个明显的点状淤血斑。更让负责人看不下去的是女童的穿着，当时的天气十分寒冷，她却穿着一身破烂不堪的单衣裤，脚上穿着凉鞋。当负责人试图脱下她脚上的凉鞋时，发现她的双脚已经冻得红肿，脏兮兮的袜子被脓血粘在脚上，根本无法脱下来。

但在此事曝光后，这个女人仍继续虐待女儿，即使邻居们不停劝阻，居委会成员不停地上门拜访，都无法阻止她的恶行，直到女童死去。每当有人试图劝阻女人不要虐待女儿时，她就会破口大骂："我自己的孩子，我愿意怎么打就怎么打，你们管不着！"后来直到女儿被虐待致死，只有小学文化的女人依旧不认为自己触犯了法律。

在女童死亡的前几天，女人和儿子曾一起外出购买食材，因为儿子想吃红烧肉。在这个空当，一个好心的邻居发现女童独自一人在家，就从窗户里递给了她一个馒头。

女人回家后，将肉炖在了锅里，然后去上厕所。趁着四下无人，女童大着胆子从锅里捞出了一块肉吃下，结果正好被女人看到。她一把拽住女儿的头发，并用力将女儿的头向墙上撞去。将女儿残忍地折磨了一会儿后，她似乎还觉得不解气，当她看到正在沸腾的油锅时，一把揪住了女儿的头发，并随手拿来一块抹布围在女儿的胸前，用大腿夹住她的身体，一只手捏开她的嘴，一只手舀起一勺滚烫的油，向她的嘴里灌去。

之后的几天内，女童都很少吃东西。到了 9 日下午，她开始拉肚子。看到女儿拉肚子，女人开始觉得她又在给自己添麻烦，于是又狠狠地抽打了女儿一顿。当天晚上，女童因口渴难忍，向女人要了一杯水。到了 10 日凌晨，女童起来撒尿，她蹲在痰盂上不久，就死去了。女人发现女儿死了后，立刻找来一身新衣裤给女儿换上，以免受到他人的谴责。

女人曾是一家鞋帽厂的合同工，女儿的出生完全是个意外，而且还违反了计划生育政策，为了避免单位给自己处分，女儿从一出生就被她交给了弟媳喂养。后来，单位知道了女童的存在，于是就辞退了女人。女童也顺理成章地回到了她的身边，当时的女童还不到两岁，根本没有大小便自理的能力，经常会在床上和裤子里大小便。失去工作的女人本来就看女儿不顺眼，这下更觉麻烦，便开始毒打女儿。渐渐地，女童不仅没有学会大小便自理，甚至还大小便失禁了，每当女人吓唬她，她就会吓得失禁。这让女人更加生气，为此她想出了限制女儿进食进水的办法。从此之后，女童就一直处于饥饿之中。即使有好心的邻居递给女童一些食物，只要被她发现都会招来一顿毒打。那么，女童的父亲呢？

女童的父亲虽然长期在外工作，但对于女童来说，他和母亲一样也是个可怕的存在，稍有不顺也会找她撒气。当他得知妻子用针线缝住女儿的嘴之后，也没有觉得有什么不对。

作为女童的亲生母亲，她为什么会对女儿下此毒手呢？这或许与她的失业有着密切的关系，在她看来，要不是有了女儿，她也不会弄丢工作。但这更多的是与罪恶的快感有关，这也是家庭暴力频繁发生的原因所在。

虐待的行为会给施虐者带来一种难以形容的快感，他们会渐渐享受并沉溺于这种快感中。每个人都有控制另一个生命的冲动，不论被控制的对象是动物还是儿童，是男人还是女人。在虐待行为中，施虐者会利用自身优势给受害者带来痛苦或屈辱，受害者由于弱小而无法进行自我保护，只能默默忍受，于是施虐者就会产生一种绝对控制的体验，从而产生一种感觉——这个生命并非独立的个体，是我的所有物，我是他的神。例如在上述案例中，女人从来就没有将女儿当成一个人，只是把女儿当作自己可以随意打骂的对象。

对于一些人而言，他们即使身处较低的社会阶层，也有机会去控制在他势力范围之内的人，例如儿童、妻子或者自己的宠物，都有可能成为他们虐待的对象。在很多家庭暴力中，被虐待的妻子或儿童会让施虐者产生一种能够支配一切的快感，施虐者能从这种绝对控制中感受到自己是全能的，虽然这只是一种错觉。

此外，还有一些无助的人经常会成为受害者，例如精神病患、学校里的儿童等。韩国电影《熔炉》就是根据真实事件改编的。在一所慈善聋哑人学校里，隐藏着一个惊天的秘密。在这所学校里的儿童都有残疾，要么是聋哑人，要么有智力障碍。最关键的是，这些儿童都没有父母的庇护。也就是说，这里的儿童都是弱者、无助的人，可以轻易成为施虐者的虐待对象。果然，这里的儿童不仅总是遭受非人的惩罚，还遭受了性侵，而对他们实施暴力的人就是学校里的老师们。

在不少家暴案例中，施暴的一方在施暴过后都会表现出悔恨的一面，并且会央求受害者原谅自己。当然，大多数受害者都会选择原谅，并且认为对方不会再有下一次。但事实却是，施暴行为仍会继续。为什么会这样呢？这是因为对于施暴者来说，对他人施暴的行为所带来的快感会使人上瘾。

在很多家暴事件中，当施暴者利用自身优势对受害者进行殴打时，他会觉得自己征服了对方，在用一种最快的方式来使对方臣服于自己，于是他产生了一种支配他人的快感。即使受害者当时十分痛苦，但对于施暴者来说，却很快乐。

而且这种暴力行为的影响是十分深远的，如果一个人从小生活在一个充满了暴力和欺辱的环境中，那么他就极有可能会走上相似的道路，或者沉浸在过去的痛苦中无法自拔，出现各种心理障碍，不懂得尊重他人，缺乏安全感，永远无法摆脱那段梦魇。

频繁行窃只为寻求刺激

2016 年，某县内发生了一起盗窃案，盗窃犯是一对年轻夫妻，他们在该县的一家大型百货超市里偷走了一些商品。在被发现之前，超市就被这对夫妻"光临"过好几次了。

最初，他们只从超市里偷走了两条毛巾、一支牙刷、一盒牙膏，他们将这些商品藏在了自己的挎包和衣服口袋里，然后通过无购物通道走出了超市。两天后，这对夫妻再次出现在这家超市里，这一次他们故技重施，从超市里偷走了几条毛巾和几条平角裤。没过多久，夫妻二人再次来到超市，偷拿了面膜、肥皂等物品，但就在他们准备离开的时候，超市保安及时出现并拦住了他们。

据了解，这对夫妻的经济状况良好，父母都是生意人，他们跟着父母一起做生意，收入不错。那么他们为什么要三番两次地去超市行窃，而且所盗窃物品都是一些不太值钱的生活用品呢？在法院接受庭审的时候，两人表示他们之所以会频繁行窃，只是为了寻找刺激。

当一个人出现了反复、无法控制的偷窃行为，且目的并不是获得经济利益，只是出于无法抗拒的内心冲动时，我们将这种行为称为偷窃癖。它与一般的偷窃行为不同，其形成与个体的性格、所处的环境等因素密切相关。

一个人天生所拥有的气质，也是我们通常所说的秉性，与一个人的性格特点是密不可分的。我们常常说"秉性难移"，是说一个人与生俱来的气质往往很难改变，但环境的因素太复杂了，许多人一生都无法遇到一个完全适合自己气质发展的环境，于是在后天环境的影响下，先天气质也会得到或多或少的改变。气质本无好坏之分，但如果一个人的气质与他所在的环境格格不入，那么就很容易出问题。在发生严重冲突的情况下，一些人可能会出现心理反常的行为，例如偷窃癖。

小雪是一名在校大学生，三天前她和舍友们发生了一件很不愉快的事情。舍友们不顾小雪反对，强行撬开了她锁着的柜门。小雪柜子里的东西验证了舍友们的猜测——她就是那个小偷。小雪的柜子就像个"百宝箱"一样，里面的东西都是小雪从室友那里偷来的，从牙膏、洗面奶到内衣、头绳、手表，无所不包。但令人奇怪的是，小雪并未使用这些物品。面对舍友们复杂的目光，小雪觉得十分难堪，一气之下跑了出去。

小雪来到了一家银饰店，并让店员拿出一大盒银戒指来供她挑选。在看到这些银戒指后，小雪的偷窃欲望变得强烈起来，她悄悄将一枚戒指藏进了自己的衣袖里，然后装作不满意的样子准备离开。这时店员拦住了她，并开始仔细清点盒中的戒指，就在这时，小雪将袖子里的戒指掏了出来，扔给店员，赶快逃离了银饰店。

在小雪很小的时候，她就出现了偷窃行为。小雪成长于一个不错的家庭环境中，但她从来没有得到过零花钱。在小雪的父母看来，这样做是为了让小雪避免养成吃零食的坏习惯，他们认为这是在教育孩子。

但小雪却很渴望能得到零花钱，去购买自己想吃的零食。有一天，小雪在小伙伴的怂恿下从家里偷走了五元钱，小雪用这五元钱买了一包零食。小雪边吃零食边担心父母会发现。但过了很长一段时间，父母都没有提起这五元钱的事情，似乎是因为金额比较小，小雪的父母并没有察觉到家里丢钱了。这次意外的成功让小雪十分惊喜，她开始觉得偷钱是一个不错的选择，既可以避免被父母责备，又有钱购买自己喜欢的零食。于是，小雪开始频繁地从父母那里偷钱。

常在河边走，哪有不湿鞋。小雪的偷钱行为终于还是被父母发现了，那对小雪来说是一次十分可怕的经历。小雪的父亲是个脾气非常暴躁的人，再加上他平时对小雪就很严厉，因此小雪十分害怕父亲。那天，父亲强压着怒火教育小雪，并且告诉她："你想要什么东西，我都可以给你，但是你不能去偷，不能偷！"小雪又害怕又内疚，一边哭一边道歉，并且保证自己再也不会偷钱了。

之后小雪提出要零花钱的要求，但不论她怎么恳求，都无法得到零花钱，父母对她的管束比以前也更加严厉。于是，小雪只能明知故犯，继续偷钱。

后来，小雪所偷窃的金额越来越大，已经上升到了三位数，这时父母才意识到了事态的严重性。父亲也由责骂变成了殴打，只要发现小雪偷东西，父亲就会顺手抓起一样东西打小雪，例如皮带、竹条和衣架，都是父亲教训小雪的常用工具。母亲就在一旁边哭边骂，小雪则边躲边哭。虽然小雪也很害怕被责打，但时间一长她就又产生了偷窃的念头，而且每次都会想：反正被发现了也就是挨顿打，下一次我一定不会被发现。

上了初中后，小雪开始觉得从父母那里偷钱太没意思了，于是将目标锁定在超市，她经常从超市里偷些文具、书籍、杂志等商品。为了不被发现，小雪还学会了撒谎和装无辜，每当失主发现东西丢了时，她就会陪着失主着急，甚至还贼喊捉贼地咒骂小偷。与此同时，小雪的父母发现家里的钱不再少了，他们以为小雪改过了，不再偷钱了，于是为了奖励小雪，他们开始每周给小雪两元零花钱。每当小雪得到两元钱的奖励时，她就会产生一种可笑、愤怒和悲哀的复杂感受。此时的小雪已经无法抑制偷窃的欲望了。

有一次，小雪在超市偷东西时被老板发现了，老板找来小雪的同学，让他将此事告诉了班主任。班主任得知后，立刻将小雪的情况反映给了家长。父母将小雪领回了家。

回家的路上，小雪的父亲一直强压着怒火，当他们刚进大院时，父亲也不顾邻居们在场，抄起墙边的扫帚就开始抽打小雪，小雪一下子就哭了起来。小雪越哭越觉得兴奋，她产生了一个怪异的念头，父母终于拿自己没办法了。从那以后，小雪与父母之间的关系越来越差，就算她偷东西再被发现，也不会再挨打了，因为她的父亲似乎决定不再管教她了。所幸，小雪的学习成绩不错，她认为这是父母唯一没将她赶出家门的原因。后来，小雪的弟弟出生了，父母将所有的精力都集中在了弟弟的身上，小雪在父母的眼中就如同一个陌生人一般。小雪开始独自处理自己生活中所发生的一切事情，但她并未改掉偷窃的毛病，反而将偷窃当成了发泄情绪的一种方式。每当小雪的生活中出现不如意的情况时，她就会去偷东西。

后来，小雪顺利考上了大学，但她依旧没有改掉偷窃的毛病，她开始不停地偷舍友们的物品。起初，舍友们丢东西后还感到很奇怪，但渐渐地她们开始怀疑小雪。终于，舍友们忍无可忍，强行打开了小雪的柜子，拆穿了她的真面目。这一次，小雪开始觉得害怕和内疚，她害怕人们把她当成小偷，也为自己的偷窃行为而感到羞耻。但她就是无法控制自己的偷窃欲望，而每当她无法控制自己时，她就会感觉更加羞耻。

很显然，小雪最初从父母那里偷钱的目的就是满足自己的物质需求。但当父母发现小雪偷钱，并采用了一种粗暴的方式教育她时，她的内心一定感受到了深深的无助和恐惧。这种负面情绪无从发泄，只能积压在内心深处，最终小雪找到了一个有效的发泄途径，即继续偷钱。偷钱不仅可以满足小雪获得零花钱的需求，还能帮助她发泄负面情绪。

偷钱行为对于小雪来说，渐渐从满足物质需求转向了满足内在需求。于是小雪在受到父母的责罚时，开始产生了一种怪异的心理，即父母终于拿她没办法了。或许当时的小雪并未意识到，她只是在通过这种方式来反抗父母对自己的管束。她在潜意识里开始认为，只要她偷窃成功，那么她就赢了父母，就在反抗父母方面取得了胜利。这说明随着时间的推移，小雪开始从偷窃中获得了自我满足。因此小雪凡是在遇到困难和挫折时，就会采用偷窃的方式来寻求刺激，成功得手的时候，她就会产生一种"我掌握了一切""我战胜了困难"的快感。

表面看来，小雪似乎对偷东西上瘾，实际上她是对偷东西所带来的刺激感上瘾。在许多人看来，偷窃是一种令人不齿的犯罪行为，因为它损害了别人的物质利益来满足自己的物欲。但对于像小雪这样有偷窃癖的人来说，他们只是对偷窃行为上瘾，就好像一个人对网络游戏上瘾一样，每当他们偷窃物品时，他们会觉得非常紧张，成功得手之后则会产生一种强烈的成就感和喜悦感。而对于偷来的东西是什么、价值几何，他们反而并不怎么在意。

很显然，小雪在童年时期并未得到应有的关爱和包容，反而面临很严格的管束，对于她来说这种关爱是她心灵深处所缺失的东西，于是为了弥补这个缺失，小雪选择了偷窃。如果小雪只是一味地克制自己的偷窃冲动，那么她的偷窃欲望只会越来越强烈。想要改善这种行为，小雪必须尝试着和父母和解，从父母那里得到应有的关心和包容，从而建立起一种全新的自我满足方式，找到一个合理的发泄负面情绪的渠道。不然，小雪这种以偷窃来获得自我满足的行为就会继续发展下去，每当她觉得不开心，例如考试成绩不理想、与朋友发生争吵时，她的偷窃行为就会不可抑制地再次出现。

当说谎成为生活的一部分

电影《心虚有荣》中，女主角雅英生活在一个自己所编织的谎言之中，她的生活中处处都是谎言，对于这个充满谎言的世界，雅英自己却很享受。她总是利用休闲时间去一些高档店铺，装作要购买家电、汽车甚至是房子的客户，总是在别人面前装出一副很有钱的样子，她非常享受这种感觉。但实际上，雅英只是一个在美容院工作的普通职员。

一次，雅英装作要购买一栋大房子。销售人员一看雅英的派头，误以为她是"富二代"，十分热情地招待雅英。最后雅英没有买房子，她说觉得这里的房子不够好，在离开前还对销售人员说，如果有更好的房子一定要和她联系，但自己还有一场海外会议，要过段时间才能看房子。

之后，雅英出现在一家商场里，并对导购表示自己想购买一台电视机。在谈妥后，雅英留下了家庭住址，住址在一个黄金地段。就在雅英准备付钱的时候，她突然对导购说，自己忘记带钱包了，只能回家后再将钱打过来。但没过多久，雅英就给导购打了一个电话，说她要取消之前的订单，因为老公已经将电视机买回家了。

面对同事时，雅英的谎言也是张口就来，为此她十分担心自己的谎言会被拆穿，所以她从来不和同事一起吃饭，与同事之间的关系也不好。

一天，雅英利用休息时间去看车，并装作要买车的样子。在这里，雅英遇到了同事。雅英对同事说，自己正准备购买婚车，自己的未婚夫是个非常有钱的人，两人还正打算找时间去看婚房。

与雅英所编织的谎言有很大差距的是，她的生活并非那样光鲜亮丽。她从小生活在一个十分贫困的家庭环境中，父亲早逝，母亲改嫁，她与姐姐、弟弟相依为命。雅英的姐姐是个酒瓶不离手的酒鬼，弟弟则对姐姐们不管不顾。雅英交了一个男朋友，但他并不是雅英口中所说的有钱人，只是一个普通的汽车销售人员。为了避免谎言被拆穿，雅英还特意让男朋友穿上西装在老板的汽车前拍照，并对同事说，这辆汽车就是她男朋友的。

雅英虽然知道撒谎不对，但无法摆脱谎言带给自己的满足感，于是只能冒着风险不断地撒谎。一次，雅英来到了一家商场，并假装要购买冰箱。在填写表格的时候，雅英的身份证掉了出来，并被服务员发现了，因此雅英只能将填写的假名勾掉，写上自己的真实姓名。到了要付款的时候，雅英再次装作忘记带钱包了，但服务员表示，商场可以电子付款，但雅英说自己的手机是刚买的，还不能进行电子付款。最后冰箱被送到了雅英的住所里，虽然雅英找出种种理由要求退货，但商家以概不退货为由让雅英付款，雅英为此付出了 300 万韩元。

终于有一天，雅英的谎言被拆穿了，男友来到她工作和居住的地方，所有人包括男友在内，都知道了雅英是个"谎话精"。雅英崩溃了，和男友发生了激烈的争吵，并坦白自己一直在撒谎。男友表示，他从一开始就知道雅英在撒谎。与男友分手后，雅英辞了职，回到家却被醉酒的姐姐锁在门外，去找母亲也没有被收留，想到警察局过夜也被拒绝了。她感觉自己被整个世界抛弃了，终于意识到了自己的错误，决定以后再也不撒谎了。之后，雅英与男友复合，并答应男友和他一起去见他的母亲。

在与男友母亲见面的时候，男友为了让雅英在母亲面前显得更体面一些，开始编造雅英的工作和家庭。雅英并未附和男友，她向男友的母亲坦白了自己的一切。最后雅英对男友及其母亲说自己怀孕了，但男友却不敢相信雅英，他不知道这是不是雅英编织的另一个谎言。

看到男友不相信自己，雅英抢走了他的车钥匙，开车去超市疯狂购物，最后来到了一栋豪华的房子里，这是她之前装作有钱人时看的房子，并趁着销售人员不注意悄悄记下了密码。雅英独自一人坐在房子里，什么也没做，只是安静地坐着……

提起撒谎，人们往往会抱着鄙视的态度，因为人人都不希望自己被他人欺骗。但人们也不得不承认，每个人都说过谎，就如同尼采所说的："为了生活，我们需要说谎。"有统计显示，一个普通人在10分钟的对话中平均会撒三个谎。由此可见，谎言是我们的社会生活中必不可少的一部分。那么，人们为什么要撒谎呢？

撒谎的动机有三个：一、为了得到别人的喜欢，有时候并不顺耳的真话会给他人带来伤害，所以人们会用善意的谎言取悦他人；二、为了炫耀自己；三、为了保护自己。

实际上，一个人从很小的时候就学会撒谎了。小孩子是最会察言观色的一个群体，他们的谎言大多是为了得到大人的喜爱，或者是在犯错误时避免被责罚。例如，如果一个孩子不小心打碎了邻居家的玻璃，但因为没有承认，而避免了被惩罚，他就会觉得这是撒谎带来的好处，从而使说谎这种行为被强化。

虽然说成年人撒谎的动机比儿童更复杂，但无外乎上述三种动机。如果一个人常常说谎欺骗别人，甚至是在完全不必要的情况下，那么只能说明，对他来说，说谎已经成为生活中必不可少的一部分，他对说谎这种行为上瘾了。这类人我们就将其称为说谎癖患者。

与偷窃癖一样，说谎癖属于怪癖型人格障碍。怪癖型人格障碍有许多种，常见的有购物癖、说谎癖、偷窃癖等，罕见的有拔毛癖等。拔毛癖是一种男女均可能出现的怪癖型人格障碍，但以女性居多。顾名思义，此类患者总是忍不住拔掉自己身体上的毛发，例如头发、睫毛、眉毛、腋毛、阴毛等，不过最常见的还是拔头发。有的拔毛癖患者还会将拔下的毛发吞食。

说回说谎癖，我们再来说一个例子。婷婷生活在一个家教十分严格的环境中，她的妈妈对她的学习和生活都有着很高的标准，婷婷很难达到妈妈的要求。每当婷婷没有达到妈妈的要求时，妈妈就会训斥她。长此以往，婷婷变得越来越自卑，对周围人的认同也越来越渴望。为此，她开始说谎，并爱上了说谎。

在和朋友交往时，婷婷总是会告诉他们自己出身于一个高级知识分子家庭。有时婷婷还会对另外一群朋友说，自己的职业是模特，月收入很高；有时却说自己正在负责一个大项目，能挣很多钱。起初朋友们都会选择相信婷婷，因为她说这些话时显得十分真诚，一点儿说谎的不自然感都没有。但时间长了，朋友们渐渐发现，婷婷是个很喜欢撒谎的人，她的谎言总是随口就来。当婷婷的谎言被拆穿之后，朋友们就渐渐疏远了她，没有人愿意和一个爱说谎的人在一起。这让婷婷觉得非常孤独和痛苦，但她还是无法改掉说谎的习惯，而且她也爱说谎。

说谎这种行为是十分复杂的，有些谎言是善意的，有些谎言是在逼不得已的情况下说出来的，当然有些谎言纯粹出自恶意。但对于有说谎癖的人来说，说谎已成为一种不受自己控制的行为，他们只要不说谎就会心里难受。说谎癖的主要特点之一就是，患者会不停地、持续性地说谎，个论大事小事都会选择说谎，因为他们已经对说谎产生了心理依赖，达到了无法自拔的地步。

患有说谎癖的人之所以在说谎时显得十分真诚、镇定，是因为他们对自己的谎言常常信以为真，自欺欺人在他们身上表现得淋漓尽致。这一点在说谎癖患者很小的时候就有所体现。患有说谎癖的人在童年时期通常十分喜爱幻想，但由于年幼，他们的思维能力和理解能力还在发展中，并不成熟。于是他们很容易将现实与幻想混淆，会将想象的世界当成现实。他们会把自己当成主角，然后围绕着主角开始编造故事，从而满足自己在现实中无法获得的一切。就如同上述案例中的婷婷一样，她无法从母亲那里获得认同，为了获得他人的认同，她选择了说谎。在婷婷的谎言中，她出身于高级知识分子家庭、是个模特、挣钱能力很强，这些都是她渴望但在现实生活中难以实现的，而朋友表现出来的羡慕让婷婷非常满足，这些美好的感受都是说谎带给她的，于是她更加沉迷于说谎。

由说谎癖患者所说出的谎言还有一个特点，即非常具象。他们的谎言可谓面面俱到，任何细节都会提前设计好。

苗苗前段时间交了一个男友，当时她觉得自己很幸运，遇到了一个如此优秀的男人。但不久后，苗苗就发现那个所谓优秀的男人不过是个"大骗子"。苗苗的男友告诉她，他出身于一个干部家庭，曾就读于北京大学，毕业后去美国留学，留学回国后成了一个软件工程师。苗苗还曾在男友的邀请下去他的家中和公司参观。男友家中的茶几上放着英文报刊，公司的桌子上有一些书籍和散落的美元零钞。这些让苗苗越发相信男友说的话。后来苗苗就和男友同居了，但同居后不久，男友的谎言开始穿帮了。明明是从美国留学归来的，却和外国人说不了几句英语；明明是一个优秀的软件工程师，却不会安装电脑系统。这让苗苗意识到自己被男友欺骗了，于是她立即选择了分手。

那么，说谎癖是否能通过心理治疗得以矫正呢？答案是肯定的，但根据说谎的不同级别，矫正的难度也不同。通常情况下，最容易被矫正的说谎行为是儿童的假性谎言。由于年幼，儿童无法明确区分现实与想象，有时候为了满足自己的某种愿望会说谎。例如一个长期没有与母亲生活在一起的孩子，可能在看到小伙伴收到妈妈的生日礼物时，会撒谎说自己过生日的时候，妈妈也送给了自己礼物。他的这种谎言只是无意识地在表达自己内心的愿望，在进行矫正的时候就比较容易。

还有一种说谎行为是为了避免受到惩罚。这种说谎行为矫正起来也是比较容易的，因为这种情况下人们是在犯错误的时候说谎，这决定了这种说谎行为只是短暂的、偶尔发生的。

最难以矫正的一类说谎行为，其说谎动机就和上述案例中婷婷的说谎动机很相似——为了获得他人的认同，通过谎言来得到表扬和赞许。这种谎言常常带着夸大或编造的成分，因为只有这样才能达到被他人认同的目的。如果一个人总是能从说谎行为中得到他人的认同，那么他就很容易发展出持续性说谎行为，即很容易患上说谎癖，因此在进行矫正的时候也会非常困难。

被当作流氓抓起来

2016 年 8 月，九江市某派出所的民警接到一位王姓女士的报警电话，王女士声称自己在回家的路上遇到了流氓，该流氓冲她裸露下体。

在当天晚上 7 点左右，王女士走在下班的路上，和许多低头族一样，王女士很喜欢边走路边低头看手机。突然，王女士听到身后有一名男子大喊"喂"，王女士反射性地转身去看，就看到一名头戴头盔、身穿白色短袖的男子朝她走来，该男子的下体裸露在外，他的一只手还在不停地抚摸着下体。王女士看到此景后吓坏了，拔腿就跑。

王女士跑了一会儿后看到男子没有追来，就停了下来。但没过一会儿，王女士在一棵树下又遇到了该男子。男子主动与王女士打招呼，并将裤子脱到了膝盖处。再次受到惊吓的王女士只能继续向前跑去。当王女士跑到某艺术中心附近的时候，再次遇到了该男子，他依旧裸露着下体与王女士打招呼。

无奈之下，王女士只好报警，她对民警说，这名男子一定是看到自己独自一人，再加上自己当时正在低头看手机，不会注意周围的情况，才会瞄上她。后来她之所以再次碰上该男子，一定是他骑车跟着自己，并且赶到她前面故意吓自己的。

民警告诉王女士，由于没有确凿的证据，无法立案。王女士表示，她想通过报警的方式来给广大女性提个醒，尽量不要到偏僻的地方去，晚上最好不要出门，如果必须出门，最好结伴而行。王女士还表示，这条路是她以前上班时常走的，之前一直没遇到过这样的事情，但那个流氓的行为给她留下了心理阴影，她开始考虑以后下班要从更远的大路绕道而行了。

实际上，这个男子并非王女士口中的"流氓"，他是个暴露癖患者。所谓暴露癖，就是喜欢在陌生的异性面前，将自己的隐私部位暴露给对方看。对于有暴露癖的人来说，异性的反应是最重要的，他们能从异性的惊吓中获得一种心埋上的满足。与许多怪癖型人格障碍一样，暴露癖也是一种心理疾病，患者虽然知道自己的这种行为和冲动是不正常的，甚至可能会因为触犯治安管理的法规，受到行政拘留的处罚，但他们就是无法克制自己。通常情况下，暴露癖患者虽然会在当时获得一种极大的心理满足感，但在恢复理智后就会感到后悔，尤其是当他们被当作流氓抓起来的时候，会更加羞愧。虽然暴露癖患者以男性患者居多，但近年来女性所占的比例也开始渐渐上升。

现如今，越来越多的人开始"暴露"自己，有不少人错误地想要通过暴露来缓解自己在工作、生活中的压力。当然，很少会有人像上述案例中的暴露狂一样在街头巷尾暴露自己的私处，许多人更倾向于通过网络的方式进行暴露，例如通过 QQ、微信等社交软件进行裸聊。

英国某著名足球运动员自从在 2010 年与妻子离婚后，就一直丑闻不断。2013 年，该运动员裸聊的丑闻被曝光。英国一家成人网站上有一段该运动员的性丑闻录像，长达 18.5 分钟，这是一名与该运动员裸聊的女子录下并上传的。

该女子在与该运动员裸聊的时候，偷偷将整个过程录了下来，然后她将这个过程制作成一段视频，并将视频以 2000 英镑的价格卖给了英国的一家成人网站。此外，该女子还公布了视频中的 4 张照片。在这些照片中，该运动员要么只穿着内裤，要么全身赤裸。裸聊事件的曝光让该运动员的形象大大受损。

网络裸聊与暴露癖虽然不同，但背后都有暴露的心理。许多人之所以会选择裸聊，是因为他们觉得这种"暴露方式"更为隐蔽和安全，甚至有的人觉得裸聊永远不会被人发现，属于自己的隐私。那么，这种暴露心理背后的原因到底是什么呢？

首先，暴露心理与原始性行为密切相关。不少人会通过暴露来释放自己的原始性冲动，虽然他们自己也知道这种行为是不恰当的，但就是无法控制自身的暴露性冲动。

与人类不同，许多动物的性行为都是公开的。当动物进入发情期时，它们会将自己的身体作为一种炫耀的工具，以引起异性的注意，例如雄孔雀会通过开屏吸引异性注意。某动物园在五一期间迎来了大量游客，在此期间有 4 只雄孔雀被游客拔秃了羽毛。之后，这 4 只雄孔雀进入了不喜欢运动、不吃食的抑郁状态。为什么会这样呢？原来这个季节是孔雀求偶的季节。对于雄孔雀来说，它们的尾羽是它们求偶是否成功的关键所在，而这 4 只没了漂亮尾羽的雄孔雀恐怕很难得到雌孔雀的青睐了，所以它们陷入了抑郁之中。

一些公猴在进入发情期的时候，也会像雄孔雀一样将身体的某个部位公开炫耀，从而吸引母猴的注意。不过公猴所炫耀的身体部位更直接，是它们的性器官。虽然炫耀自己的性器官不一定会招来母猴，毕竟猴群也有阶级之分，只有处于支配地位的公猴才能享受交配权，但却能给公猴带来心理上的快感。

在人类社会中，性一直属于禁忌范畴。于是，有些人会将暴露性器官当成是自己获得性满足的方式，从而只有在暴露的情况下才能获得刺激和快感，这就是暴露癖。

其次，暴露癖的成因与童年经历有关。如果一个人在还未对性行为形成正确的观念时，就看到了成人性爱、暴露生殖器等画面，那么他可能会产生性冲动，觉得兴奋，从而会将满足性欲与暴露行为联系在一起。也就是说，暴露癖是一种性心理发育不成熟的表现，他们释放自己性欲的时候所采取的方式异于常人。

最后，还有一个因素是与个人的性格特点有关。通常情况下，患有暴露癖的人其性格都比较内向、害羞、拘谨和孤僻，在现实生活中他们是一群不善于表达的人。他们在幼年时期可能没有得到应有的关心，因此一直渴望被关注。

暴露癖患者常常缺乏自信，在与异性的相处过程中会感到很不自在，于是就会产生暴露这种性欲倒错，以获得性快感的行为。暴露癖患者除了会在异性经常路过或聚集的地方进行裸露外，还会刻意在阳台、屋顶等地方裸露自己，甚至会刻意打开门或窗户进行裸露。

很多人都无法理解暴露癖患者，认为暴露癖患者就是流氓，有些女性在遇到暴露癖患者时，都会被吓哭。但实际上，暴露癖是一种不受患者自控的心理疾病。通常情况下，暴露癖患者并不是危险分子，他们一般不会做出越轨行为，在从陌生异性的惊恐、羞耻和辱骂中获得心理满足后，他们就会离去。

　　所以，如果你不幸遇到暴露癖患者，那么最好的应对方式就是提高自己的心理承受能力，尽量不要紧张，用平静的态度来面对他，不理睬他的暴露行为。那么暴露癖患者就会觉得索然无味，毕竟他是通过暴露来获得性刺激的，陌生异性越是激动、反应越大，他的性快感就会越强烈。当然，必要的时候及时报警也是一种合理的处理方式。

偷窥与严肃的性学研究

2017 年 7 月 2 日晚上 7 点左右，中山市某派出所的民警接到了一个报警电话。电话里，某广场的一家服装店的店员说，有人在试衣间里安装了摄像头。民警很快就赶到了现场，果然在试衣间里发现了一个摄像头，还附带着一个白色充电宝，不过并无内存卡。

民警在调取服装店和周边视频监控后发现了一个可疑的身着黑色衣服的男子。视频中，当一名顾客发现试衣间的摄像头后，立刻找店员讨说法，当时有许多人上前围观，而这名黑衣男子却快速地离开了现场。此外，民警还在视频监控里发现，在当天晚上 6 点左右，该男子进入服装店内，他直接拿起一条裤子就去了试衣间。一个小时后，有人就在试衣间里发现了摄像头。该男子离开服装店后，立刻来到自己的车前，驾驶着一辆白色小车离开了。

民警通过调查找到了车主。但车主的年龄较大，与监控视频中的嫌疑男子明显不是同一个人。随着调查的深入，民警发现车主的儿子黄某与嫌疑男子十分相像。7 月 11 日下午 4 点左右，黄某被民警找到并被传唤到派出所。黄某很快就承认了自己在试衣间安装摄像头的事实。

黄某在广州的一家医药公司上班，由于女友居住在中山市，黄某常常在中山市出现。他从网上购买了一个小型摄像头，还在手机上下载了该小型摄像头的 App。之后黄某便带着小型摄像头来到了服装店，他想在试衣间里安装试试看，于是就装作要试衣服的样子，将摄像头固定在了试衣间的门板上，由于安装角度的问题，只拍摄到了试衣者的头部。在被一名女子发现后，黄某就匆匆离开了现场，并且立刻将手机内的相关 App 卸载了。黄某的父母在得知儿子被捕之后，并不吃惊，他们表示黄某从小就有偷窥他人的癖好。

每个人都希望自己能有私人空间，并且十分看重自己的隐私。但同时每个人又都有窥探别人隐私的欲望，这种心理我们通常称之为"八卦"。"八卦"在我们的日常生活中十分常见，例如亲友之间对别人小孩的学习和婚姻情况的热切关注和讨论，名人被偷拍、被传绯闻等。这种"八卦"心理其实就是人类与生俱来的偷窥欲望，属于人类好奇心的一种。但我们每个人都知道偷窥的行为是不道德的、罪恶的，因此我们会控制自己的偷窥欲望，不会侵犯他人的隐私。但有些人却无法做到，他们对他人的隐私生活有着十分强烈的探知欲，会通过偷窥他人的性生活、更衣、沐浴等方式来获得心理满足。例如在上述案例中，黄某喜欢偷窥女性脱衣服；还有的偷窥癖患者喜欢偷窥别人洗澡或者偷拿异性的内衣裤。在这种侵犯他人隐私的偷窥行为中，他们会产生性满足，渐渐地就将偷窥和性宣泄联系在了一起，产生一种更强烈的偷窥欲望，并且付诸实际行动来使自己得到满足。通常情况下，偷窥癖患者的性格都会比较内向、害羞，甚至缺乏自信，他们往往无法从正常的人际交往以及性行为中获得满足。

吉拉德·福斯出生在一个人们谈性色变的时代，性只与合法婚姻和生育有关，吉拉德的父母也从未在孩子们面前提到和性有关的话题，但这并不能阻挡吉拉德对性的好奇。在吉拉德 9 岁的一个夜晚，他鬼使神差地来到隔壁农舍的窗户前，准备偷窥一个不到 30 岁的阿姨。这是吉拉德第一次偷窥他人的隐私，这场偷窥一直持续了五六年的时间，每天晚上吉拉德都会用一个小时左右的时间来偷窥邻居女人。被偷窥的女人有晚上赤身裸体在卧室里走来走去的习惯，这名女性是吉拉德最初的性幻想对象，也是他偷窥人生的开始。

长大后，吉拉德到海军服役。退役后，吉拉德回到了家乡，开始每天无所事事地在街头游荡，他的目的是偷窥那些没有拉上窗帘的住户。为了满足自己的偷窥欲望，吉拉德在 1966 年花费了 14.5 万美金买下了一家旅馆，他在旅馆的房顶建造了一个阁楼，这个阁楼就是他偷窥的大本营所在。

为了避免被人发现，吉拉德花了很多工夫改造阁楼。最初他打算在天花板上装单面镜，但发现这样做并不安全，于是就改成了假通风口。后来吉拉德还在假通风口处安装了百叶窗，将百叶窗用螺丝固定在天花板锯好的开口上，最后仔细地调整了百叶窗叶片的角度，让他既可以清楚地看到房间里的景象，又不至于被人发现。为了防止在阁楼上发出声响引起住户的怀疑，吉拉德还在偷窥口安装了三层厚厚的毛毡地毯，并用钉子固定、用橡胶帽盖好。

接下来，吉拉德就开始了令他兴奋不已的偷窥生活。起初他十分兴奋，只要想到自己可能会看到的场景，他就激动得睡不着觉。除了偷窥外，吉拉德还用铅笔将所看到的场景都记录了下来。

在吉拉德的记录中，他的第一个偷窥对象是一对夫妻，来自科罗拉多南部。丈夫被派到丹佛出差，妻子随同他一起来到丹佛。他们在吉拉德的旅馆办理了入住手续，而且还是吉拉德亲自为他们办理的。在为他们办理入住手续的时候，吉拉德一直在偷偷观察着这对夫妻，他觉得他们很有"档次"，夫妻二人都受过大学教育，应该是一对完美的被偷窥对象。

但吉拉德所偷窥到的场景却让他十分失望。丈夫可能正在因为被派遣到丹佛出差而不满，他十分关注自己的地位，根本不在乎妻子的感受，两人在做爱的时候也是例行公事，毫无刺激可言。这让吉拉德觉得他们生活得并不幸福。

在吉拉德的记录中，除了度假或出差的已婚夫妻外，还有未婚的情侣、背着伴侣偷欢的丈夫或妻子，还有白天带着秘书来开房的商人，甚至还有男同性恋和女同性恋。这些人在平常没有什么特殊的举动，但他们私下里却表现得千奇百怪，甚至还有人喜欢在做爱时穿上带角的绵羊皮草外套。不过吉拉德的记录中还是以夫妻居多，吉拉德认为这些夫妻虽然都忠诚于婚姻，但他们的婚姻并不幸福，因为他们要么抱怨、要么争吵、要么各自无聊，很少有夫妻能好好享受夫妻生活。

和许多旅馆老板一样，吉拉德每年年底也会清账，但他所整理的并非普通的账单，而是自己的偷窥记录。他会将所观察到的对象进行分类，然后做出总结，他认为这份总结报告能反映出社会在性这个问题上的变动发展。虽然吉拉德这种偷窥他人隐私的行为令人唾弃，但他的记录却给性学研究提供了大量的真实材料，对于研究性学的学者来说，吉拉德所偷窥的对象都是理想的研究对象。吉拉德所记录下的性行为都是真实发生的，没有预演，也不是在做实验，都是第一手材料。吉拉德也不认为自己的行为是在偷窥，他觉得自己只是在进行严肃的性学研究罢了，他还自称是"性学鼻祖"。吉拉德的偷窥研究一直持续了 30 年。

人是群居动物，一个人在他人面前会尽量表现出一副符合社会标准的模样，但私下里却有可能是另外一副面孔。吉拉德所看到的就是人们私下里的一面，这是人们的隐私，是不能给外人看到的部分。吉拉德没有经过他们的允许就偷窥到了他们的隐私，于是吉拉德看到了人性不够光彩的一面，他也由最初的兴奋变成了一个悲观主义者。吉拉德本以为他能偷窥到和谐美妙的性生活，但这很少遇到，他开始意识到生活是如此无趣，毫无幸福感可言。在吉拉德看来，人性本恶，并且这种恶并不会随着社会化而消除，社会只会教人们如何欺骗和编织谎言，人们会进行伪装，将这种恶隐藏起来。

除此之外，吉拉德还经历了数不清的谎言和欺骗，他有时甚至会目睹房客们的犯罪行为，例如偷盗、抢劫、强奸和性奴役。

渐渐地，吉拉德开始不满足于当一个偷窥者，他开始介入房客们的私生活。最初，吉拉德只是在房间的床头柜里放上情趣用品和色情杂志，然后开始观察房客们的反应。在吉拉德的记录中，只有很少人会表现出愤怒，并将这些东西交给前台。

后来，吉拉德便开始做起了"诚实实验"，这次有 15 名房客在不知不觉中成了吉拉德的实验对象，他们都对此一无所知。吉拉德在房间里放了一个带锁的行李箱。在房客办理入住手续的时候，吉拉德会装作不经意的样子，当着房客的面对自己的妻子说，有人打电话说把自己的行李箱忘在了旅馆的房间里，里面装着一万美金。

在吉拉德的记录中，只有两名房客通过了诚实实验，主动将行李箱交给了吉拉德，剩下的房客都选择了撬开行李箱，其中包括一名牧师。而当他们看到行李箱里并没有一万美金时，他们会尽快将行李箱扔掉。这个实验结果让吉拉德变得更加悲观，他渐渐变得不知所措起来。

1980 年，著名记者特立斯收到了吉拉德的来信。特立斯早在 20 世纪 70 年代就成了美国性解放运动中的名人，当时他花费了 8 年时间来搜集美国性文化的相关资料，还专门写了一本书《邻人之妻》。在调查的过程中，特立斯参与了很多性体验活动。吉拉德邀请特立斯来自己的旅馆参观，并声称自己有大量的第一手资料，而当时特立斯正在从事东西海岸的性学研究。

很快，特立斯就来到了吉拉德的旅馆。两人见面后不久，吉拉德就开始滔滔不绝地讲起了自己的偷窥经历，包括偷窥欲望的起源和性幻想的经历。到了晚上，吉拉德还邀请特立斯和他一起到阁楼上偷窥。在看到别人的隐私生活时，特立斯虽然一直告诉自己不要看了，这是不道德的，但还是忍不住探着脑袋去看，甚至不小心将红领带掉进了通风口，红领带顺着通风口滑进了房客的房间里。

特立斯很想将吉拉德的故事写成书，但由于吉拉德不肯使用真实姓名，特立斯只能暂时将想法搁置，不过两人一直保持着联系。

2013 年，吉拉德决定放弃匿名权，他借助特立斯的笔在美国引起了不小的轰动。当时吉拉德的旅馆已经被变卖、移平，永远从地图上消失了，最关键的是法定诉讼时效也过了。

虽然吉拉德承认了自己长时间偷窥他人的隐私生活,但否认自己的偷窥行为会给他人造成伤害,他辩解说自己只是在家中满足自己特殊的好奇心而已,而且他的房客们并没有因为他的偷窥行为受到任何影响,实际上房客们根本不知道自己在被人偷窥。

禁忌，翻倍的诱惑力

电影《轮回》的主角是个苦行僧人，名叫达世。达世在 5 岁时就进入寺庙修行，在修行上有着很高的天分，年纪轻轻就得到了老僧人阿普的青睐，成了为数不多的几个完成 3 年 3 月 3 日闭关修行的僧人之一。

闭关修行对于苦行僧人来说十分困难，只有通过了这项考验才能被尊为"喇嘛"。这次的闭关修行让达世得到了许多人的尊重，同时提高了他在寺庙中的地位，很多人都觉得他是个高僧。

但在之后的一次宗教仪式上，达世不经意间看到了一位母亲哺乳的画面。从那以后，色欲就在达世的脑海中扎下了根。戒色对于达世来说是必备的修行，但达世越是克制自己，就越会想到那位母亲哺乳的画面。对于达世这样的苦行僧人来说，女人绝对是个禁忌，他自己也明白，但就是无法控制自己。

不久之后，达世跟随阿普下山来到了农场主家。在这里达世遇到了藏女瑟玛，两人都注意到了对方。但达世还没来得及和瑟玛说一句话，就跟着阿普离开了农场，回到了山上。此时的达世虽然身在寺庙中，但心却留在了农场中的瑟玛的身上。达世每天晚上都会梦到瑟玛，而且每次都会梦遗。阿普注意到后，就将达世带到了一位老僧人面前。

老僧人没有说话，只是给达世看了一张图，上面画的是男女之事，但把图放在火上再看，看到的却满是骷髅。僧人想借此告诉他红颜枯骨，色欲枉然，回头是岸。但达世最终还是决定还俗下山去找瑟玛。

达世来到农场后为了接近瑟玛，就以长工的身份混入农场主家中。后来达世与瑟玛春风一度，虽然瑟玛的父母对这个女婿并不满意，但还是答应了他们的婚事。不久之后，瑟玛为达世生下了一个孩子，达世从此过上了世俗的平凡生活。由于从小生活在寺庙中，达世并不是一个通晓世事的人，他经常和周围的人发生冲突，但都被瑟玛化解，他们的生活也一直相安无事。

在农场里，农民们种的粮食想要卖出去，就必须通过粮食收购者这个渠道，但粮食收购者总会极力压低粮食的价格，从而赚取高额的差价。达世知道这些后十分不满，他开始和一些人商量着直接将粮食卖掉，不让粮食收购者从中牟利。之后为了报复达世等人，粮食收购者烧掉了他们的田地。达世得知后十分生气，去找粮食收购者讨个说法，却被毒打了一顿。

受伤的达世只能在家中安心养伤，瑟玛则不得不独自一人进城卖粮食。这时，一个印度女子上门来讨要工钱。印度女子以替人收割粮食为生，她经常为瑟玛家收割粮食，两人的关系也不错。但瑟玛不知道的是，达世早就对这个年轻美貌的印度女子心猿意马。在两人单独相处的时候，达世鬼使神差地与印度女子发生了关系。完事后，就在两人整理凌乱的衣衫时，瑟玛回来了，他们听到了瑟玛所骑的马匹的铃声，达世惊慌失措地将印度女子推出门外。这次偷情虽然让达世尝到了一种全新的性爱，但让他十分愧疚，于是他来到玛尼堆上进行忏悔。

忏悔时，达世遇到了以前与他一起修行的喇嘛，他告诉达世阿普去世了，还给他带来了阿普的信件。阿普在信中写道："等我们在未来的时空再次相遇的时候，我想知道你告诉我的答案：'哪一个更好？是满足一千个欲望，还是战胜一个欲望？'"

阿普的这封信让达世大彻大悟，他想离开农场，回到寺庙中继续修行，从世俗生活回到那个简单的禁欲世界当中。于是达世趁着妻儿熟睡之际偷偷离开，却在回归寺院的途中遇到了骑马追来的瑟玛。

达世以为瑟玛要拦住自己，就对瑟玛说了释迦牟尼离开妻子寻求真理的故事。但瑟玛却提到了释迦牟尼的妻子耶输陀罗，耶输陀罗在释迦牟尼离开后，抛弃过往生活，剪去头发，也过起了苦行的生活。说完，瑟玛就离开了，而达世则躺在地上号啕大哭。

最后，达世重新穿上了僧袍。绕了这么大一圈后，达世回到了原点，回到了他长大的寺庙中，回到了他禁欲苦修的僧人生活中。表面上看来，结果好像是一样的，但这个弯子却是达世必须要绕的。如果达世在与瑟玛相遇后强行留在寺院内，那么他未必会彻悟，因为越是被禁锢的欲望就会越强烈，只有当欲望得到满足后，执念破灭后，达世才能真正得到彻悟，从而断绝一切欲念。

达世所经历的种种与禁果效应密切相关。禁果效应是指，越是被禁止的东西，人们就越想得到。情欲对于达世这个血气方刚的青年男子来说，本就具有一定的诱惑力，佛教的清规戒律更让这份诱惑被放大。越是被禁止的诱惑，就越会引诱着人们去尝试，禁忌让诱惑翻倍。

当一个事物被禁止的时候，那么它就会披上一层神秘的面纱，对人们的诱惑力就会更大，会促使人们去接近和了解它。这个现象基于一种人们渴望获得完整信息的心理，当信息不够完整时，人们就会产生一种期待心理。此外，人们都不喜欢不确定的事，因为这会让人产生一种丧失掌控的感觉，于是为了消除这种感觉，人们便倾向于寻找真相，将不确定变成确定，这种心理同样促使了禁果效应的出现。

亚当和夏娃在《圣经》的记载中是世界上第一个男人和第一个女人，最初他们被上帝安排在伊甸园中生活，这里的生活无忧无虑。上帝警告他们不要去品尝智慧树上的禁果，不然会后悔莫及。但夏娃却无法克制对禁果的渴望，终于在蛇的引诱下偷吃了智慧树上的禁果，并且引诱亚当和她一起偷吃禁果。结果两人偷吃禁果的事情被上帝知道了，他将亚当和夏娃贬到了人间，从此以后两人无忧无虑的日子结束了。越是被禁止的东西，就越是能激起人的逆反心理，这也是为何夏娃和亚当偏要偷吃禁果。

逆反心理也是好奇心作祟，提起好奇心，就不得不提一个古希腊神话故事。万神之神宙斯交给一位名叫潘多拉的姑娘一个神秘的小匣子，并且告诉她，千万不能打开匣子，不然会给人间带来严重的灾祸。潘多拉本来也不想打开匣子，但她实在太好奇匣子里到底装着什么，于是在好奇心的驱使下她最终打开了匣子，灾祸从匣子中飞出，从此遍布人间。

这两则故事说明，每个人都有好奇心理和逆反心理，这是人类的天性。正是这样的心理促使人们去品尝禁果，尽管禁果并没有想象中的那样美味。

第三章

自恋以上，障碍未满——极端自恋者

我就是独一无二的

    小张从小就是一个很优秀的人，他学习成绩优异，在学校里也很受同学欢迎。但是小张总是出现一些顶撞老师的过激行为，为此常常被老师甚至校长请到办公室做思想教育工作。面对师长的批评，小张就是不领情，甚至还会和老师发生冲突，在他看来那些人根本没有资格教训自己。

    大学毕业后，小张找了一份不错的工作，他做得也不错，几年后就成了部门经理。像小张这样一个斗志昂扬且前途光明的人，在同事们之间也很受欢迎，许多同事都觉得小张是个非常有魅力的人。但也有不少同事很不喜欢小张，因为他待人太苛刻了，对周围人充满了质疑，在他的眼里，只有他自己才是正确的。而且小张对财富和权力有着非同寻常的痴迷，当他面对自己的上级时，总会表现得毕恭毕敬，但实际上他很嫉妒上级所拥有的地位。

    当小张成为部门经理后，他开始要求下属必须按照自己的意愿开展工作。凡是迎合他并且对他保持绝对忠诚的下属，小张都会毫不吝啬地给予对方奖励，但如果有下属违抗他，就会被小张扫地出门。于是小张渐渐成了下属们心中既可敬又可怕的上级。

    小张在对待恋人时也采用了相同的态度，他要求对方对自己绝对的忠诚和服从，自己却一直肆意妄为，当恋人提出异议时，小张就会和对方分手。后来小张结婚了，对方是个有着天使脸蛋、魔鬼身材的美女。结婚后，小张向妻子提出了一个要求，他要求妻子辞去工作，在家专心照顾家庭，妻子接受了小张的提议。

后来妻子为小张生下了一个儿子，由于怀孕和哺乳，妻子的身材有些走样，这让小张受不了，于是他与一名女子发生了婚外情。此后小张常常与情妇厮混在一起，很少回家。

在家里，小张就是国王般的存在，不论是妻子还是儿子都必须遵从他的命令。小张很疼爱儿子，他会尽量满足儿子的种种要求，例如给儿子购买昂贵的玩具。为了让儿子接受良好的教育，小张花重金将儿子送进了国际幼儿园。但小张却很少花时间陪伴儿子，每当儿子提出一起去游乐园玩耍的请求时，小张都会说自己没有时间，还让儿子好好珍惜现有的优越生活，这些都是自己辛苦赚来的。

几年后，小张的妻子再也无法忍受这种名存实亡的婚姻生活，于是向小张提出了离婚。妻子的离婚提议让小张十分愤怒，他决定给妻子一些颜色看看，于是就花重金请了一位颇有名气的律师帮他打官司，希望达到让妻子净身出户的目的。此外，小张还到处向亲朋好友散播妻子不忠的谣言，说妻子是个乱搞男女关系的人。实际上，真正出轨的人是小张。为了争夺儿子的抚养权，小张还威胁妻子，如果不把儿子的抚养权给他，那么他就切断他们母子的经济来源。

小张的种种表现与自恋型人格障碍非常符合。患有自恋型人格障碍的人会偏执地认为自己是最好的，在他们的心中永远只有自己，因此他们很难与他人建立亲密关系。对于未婚者而言，患有自恋型人格障碍的人会认为自己的一切都是世界上最好的，如外貌、能力等；而对于已婚者而言，他们还会认为自己的孩子是世界上最好的，无人能比。

患有自恋型人格障碍的人拥有极强大的控制欲，凡是与他有关的人、事、物，都必须听从他的安排，并认为只有自己的安排才是最好的、最合理的。一旦遭到对方反对，他就会否定或是直接抛弃对方。

虽然患有自恋型人格障碍的人在人际关系上是有缺陷的，但他们并不为此而感到痛苦，他们会自恋地认为是他人有眼无珠，把责任推到他人身上。最让自恋型人格障碍者感到痛苦的是失去掌控，当他们感觉自己对某件事情或某个人失去控制的时候，他们就会因为自我否定而痛苦。这种自我否定甚至会让他们的自我世界出现崩塌，他们会由此产生恐惧和焦虑，乃至绝望。

自恋的心理其实每个人都有，尤其是当一个人面临巨大的压力时，为了保护自己的自尊，他"不得不"自恋一下，将注意力集中在自己的"成就"上，极力维护自己的形象，从而忽略他人的感受。可是这种自恋心理并不会一直持续下去，当我们恢复正常状态的时候，自恋心理也就随之消失了，我们会将注意力从自己身上转移，并拾起暂时被自己丢掉的同理心。

在现实生活中，许多自恋者的表现虽然并未达到上述的自恋型人格障碍的程度，但也反映出一定的心理问题。他们往往认为自己是独一无二且高人一等的存在，天生就应该享有特殊的待遇，并且傲慢自大，要求所有人都必须尊重他们。自恋心理在人类社会中十分普遍，而且形式多样。但如果一个人的自恋已经达到了自我膨胀和缺乏同理心的程度，那么这类人的言行就会给周围人带来极大的伤害，但由于这类人并没有达到自恋型人格障碍的标准，所以被称为极端自恋者。

小王是一个小学老师，除了工作外，他经常利用业余时间去帮助家境贫困的学生，在许多人的眼中，小王是一个值得尊敬的老师。但在丈夫和孩子们的眼中，小王却是一个很难相处的人，因为他们总是不知道怎么就触怒了小王。

后来丈夫渐渐发现，小王是一个很喜欢一切都围绕着她转的人，她必须得是中心人物。每当一家人坐在一起吃饭的时候，小王就会将话题引到自己身上。当丈夫提到自己在工作中的一些小成就时，孩子们的注意力自然而然地会集中到爸爸身上，但小王却无法忍受，她会强制性地将话题转移到自己身上。几年后，丈夫和小王离婚了，两个孩子的抚养权都被小王争取到手中。

自从离婚后，父亲就成了家中的禁忌话题。小王禁止孩子们与父亲联系，甚至孩子们只要提到父亲就会惹小王生气。有一次，大女儿不小心提到自己过生日时收到了父亲送给她的礼物，这让小王很不舒服。从那以后很长时间，小王对大女儿都非常冷淡，总是找机会挖苦和讽刺大女儿。

当然更多的时候，小王是比较偏爱大女儿的，与调皮的小儿子相比。大女儿是个很让人省心的姑娘，她的学习成绩拔尖，同事们都非常羡慕小王有这样一个听话懂事的女儿。小王也总是乐此不疲地在同事们面前夸奖女儿，这让她觉得很满足。

小王对女儿的宠爱在女儿大学毕业找到工作之后就戛然而止了，当女儿告诉她自己找到了一份不错的工作时，小王只送上了几句祝福，这让女儿觉得母亲并不开心。渐渐地，女儿在与母亲相处时，从来不会提及自己在工作上取得的成就，不然就会招致母亲的反感。

　　表面上看来，小王与自恋型人格障碍并没有明显的联系，她的自恋表现也不像上述案例中的小张那样明显，但小王的自我膨胀和给家人带来的痛苦仍是巨大的。她总是以自我为中心，常常不顾及家人的感受，当丈夫或孩子们取得成就时，她就会心生嫉妒，从而表现出生气的情绪。与家人聚餐时，小王对丈夫和孩子们说的话一点儿兴趣也没有，她总是将话题的焦点集中在自己身上。这就是极端自恋者的表现。

　　在人际交往中，我们必须遵守一些基本的道德准则，例如互助互爱。但极端自恋者却不会遵守这些道德准则，他们对他人的感受往往采取漠视的态度，或者根本不在意他人的感受，他们所需要的只是对方放弃自己的想法来迎合他们。因此与极端自恋者的相处，会让人觉得很痛苦，因为极端自恋者与他人相处时的行为是掠夺式的，他们随时都在提高自信和证明自己的价值，来打压和贬低他人。

对羞耻感进行残酷打压

小洁是一个大一新生，刚来到一个新环境里，小洁还没有什么朋友，一个月后，她与舍友小可成了好朋友。两人的关系非常亲密，她们有着相同的爱好，喜欢相同的音乐、电影和电视节目，她们在一起无话不谈。在小洁看来，能在这么短的时间内交上这样一个知心朋友，真是一件非常幸运的事情。小可也总是对小洁赞不绝口，认为能和小洁成为好朋友十分快乐。

随着时间的推移，小洁对周围的环境越来越熟悉，她开始有了除小可之外的新朋友，课余时间也不再总是和小可腻在一起。小洁希望自己与小可之间的友谊还能像以前一样，于是她就将自己的新朋友介绍给小可，她希望大家可以好好相处，都能成为可以玩在一起的好朋友。

但是小可的表现却让小洁十分失望。小可的态度非常不友好，她嘲笑小洁的朋友们，要么觉得对方的穿着可笑，要么说对方的笑声难听。小洁觉得小可是在排斥自己的新朋友，她在嫉妒自己与他人的友谊。从那以后，小洁就尽量避免将新朋友带到小可面前。

后来，小洁被一个男生告白。小洁对这个男生的印象不错，就决定与对方交往看看。当小洁兴奋地将这个消息告诉小可时，对方虽然表示祝福，但笑得很勉强，她还对小洁说，让小洁多留个心眼，男人都很坏，一开始会对你很好，但时间长了你就会发现，那都是假的。小可的这番话让小洁很不高兴，但她并未表现出来。之后，小可提出周末一起聚会。小洁告诉小可，她和男友安排了约会。小可立刻表现得很难过，她说小洁是自己最好的朋友，她不相信小洁是个见色忘友的人。小洁只能一边安慰她，一边提出可以下周末一起聚会的合理建议，谁知小可却怒气冲冲地离开了。

周末到了，小洁与男友约会时，总会收到小可的短信。后来小可发的短信的内容让小洁越来越生气，因为小可说小洁是个自私自利的坏朋友。

第二天，小洁在学校里遇到了小可。小洁还没来得及质问小可，小可就先向小洁道了歉，并解释说昨天自己的心情非常不好，发的短信确实很过分，希望小洁能原谅她。小洁虽然表示原谅小可的无理行为，但提出了一个建议，她希望小可最近不要来找自己了，两人暂时保持距离会更有利于这段友谊的维持。听到这话后，小可变得非常生气，并且骂小洁是个骗子。

从那以后，小可的确没有来找过小洁，但却给小洁的生活带来了不少麻烦。小洁从别的朋友那里得知，小可到处说她的坏话。按照小可的说法，她之所以和小洁断绝了关系，是因为发现小洁是个行为不检点的女生，到处勾搭男同学。

很快，小洁又收到了小可的短信。这些短信并不是来道歉的，而是侮辱和攻击小洁的。最后小洁与小可彻底决裂了，为了不再被小可骚扰，小洁只能更换了手机号。

虽然从表面上来看，小可只是个喜怒无常的人，但实际上她是个极端自恋者。在小可看来，她必须是好朋友生活的中心，好朋友所有的注意力都必须集中到她的身上。一旦好朋友无法满足她的这种需求，她就会刻意诋毁对方，并且会一边诋毁，一边夸大自己的形象，毫不顾忌好朋友的感受。小可的这种行为在极端自恋者的身上十分常见。有不少人都会遇到像小可这样的极端自恋者，当他们自己意识到在与极端自恋者的交往中只会感受到痛苦时，他们就会切断与极端自恋者的关系，但会因此遭到极端自恋者的报复和骚扰。

那么，极端自恋者为什么要这么做呢？这与人人都有的羞耻心理有关。在上述案例中，当小洁有了新的朋友和男友的时候，小可开始觉得自己不再是好朋友生活的中心，她会产生一种被孤立的感受。这种感受会让她产生羞耻感，从而感到痛苦。为了压制羞耻感，小可就将一切责任都推卸到小洁身上，斥责小洁是个骗子。当两人的友谊破裂时，小可会毫不犹豫地诋毁小洁，甚至给对方捏造一些莫须有的罪名，这样小可就不会对自己产生羞耻感了，从而形成一种错误的幻觉，即造成友谊破裂的责任都在小洁身上，与自己无关。

提起情绪，人们会想到快乐、愤怒、悲伤等，这些情绪都属于基本情绪，可以说是一个人与生俱来的。当一个婴儿几个月大的时候，他就可以根据对方的情绪表现来完成人与人之间的交流。例如在视觉悬崖实验中，婴儿在爬到视觉悬崖的深侧时会去观察母亲的表情，如果母亲是鼓励式的表情，那么婴儿会勇敢地爬过去；如果母亲是担忧的表情，婴儿就会停止爬行。

除了基本情绪之外，人们还会在社会化的过程中掌握一些高级情绪，例如羞耻、嫉妒、自豪等。这些高级情绪与自我意识密切相关，会增强或伤害自我意识，因此也被称为自我意识的情感。当一个人意识到自己出错或是给他人带来伤害的时候，就会产生一种羞耻感。虽然羞耻感可以帮助我们调整自己的行为，但会伤害自我意识，使一个人变得消极起来。

随着年龄的增长，婴儿会渐渐意识到自己是个独特的个体，自我意识由此产生，随之而来的就是自我意识的情感。通常情况下，像羞耻感这样的自我意识情感会在婴儿 1 岁半以后出现。当婴儿觉得羞耻的时候，他们会有垂下眼皮、低下头、用手捂脸等行为。

极端自恋者会对自己的羞耻感进行残酷的打压，以防止羞耻感对自我意识造成伤害，他们常常有着非同常人的自尊心。他们看不到自身的缺陷和所犯下的错误，甚至会刻意夸大自己。

价值感是一种对维护自尊心十分重要的感受。在人与人的交往中，我们需要他人的鼓励和尊重来获得自我价值感，从而建立并维护自尊。当一个人被夸奖的时候，他的自我感觉就会良好，就会越发肯定自我价值；相反，如果一个人遭受了批评，那么他就会产生一种被伤害的感觉，就会质疑自我价值。

如果一个人总是遭受批评，那么他的自尊心就会受到严重的伤害，处于低自尊的消极状态中。这时他最常见的表现就是将自己保护起来，避免被他人再次伤害，他往往会进行自我欺骗，这样做虽然会让他远离客观事实，但却可以减少因自尊受打击而产生的伤害。只不过这种策略虽然奏效，但只能短期运用，不然他就会成为一个极端自恋者，将所有的责任都推卸给外界，无法意识到自身的不足。

一天早晨，丽丽起晚了，这意味着她可能会迟到，这让她十分沮丧。到了公司，丽丽被部门经理叫到了办公室。部门经理提到了丽丽迟到的问题，他表示虽然迟到不是什么大问题，但可能会影响丽丽的状态，让她在工作中出现一些小失误，这会影响丽丽的工作质量和效率。

回到自己的岗位上后，丽丽感觉很糟糕，她难以集中注意力，开始不停地回想部门经理的话。越回想，丽丽就感觉越糟糕，她开始觉得自己就是个失败者。后来丽丽安慰自己，虽然她在工作中有一些小失误，但谁在工作中会没有失误呢？

下班后，丽丽的心情依旧不好，于是她取消了与男友的约会，她觉得自己的状态不好，很难快乐地去约会。丽丽决定回家好好休息一下。回家后，丽丽接到了男友的电话，男友提出他们需要冷静一下。这让丽丽的情绪一下子崩溃了，她将男友臭骂了一顿。

许多人都有过像丽丽这样的糟糕经历，但并不会像丽丽那样采取攻击亲近之人的方式来逃避痛苦。对于极端自恋者来说，哪怕是一点儿批评，甚至只是建议，也会招来他们的攻击，因为这让他们产生了羞耻感，他们的自尊心受到了打击。为了避免继续痛苦下去，他们就只能指责、攻击他人。

对于极端自恋者来说，羞耻感是他们无法接受的消极情感，于是他们压制羞耻感，从而表现出一副傲慢自大、毫无羞耻感的样子。为了消灭羞耻感所带来的痛苦，极端自恋者会做出伤害他人的事情，例如造谣别人，像之前案例中的小可一样，说朋友的人品有问题；或者像上述案例中的丽丽那样斥骂男友。总之，极端自恋者为了防止自己承受羞耻感带来的痛苦，会不惜伤害他人，哪怕这个人与自己的关系非常密切。

除了赢，别无所求

美国职业自行车运动员兰斯·阿姆斯特朗早年生活十分艰辛，在他出生的时候，他的母亲琳达·穆尼罕姆只有 17 岁，还在上高一。兰斯的生父埃迪也很年轻，他和琳达只是男女朋友关系。在琳达怀孕后，埃迪只能勉为其难地答应与琳达结婚。年纪轻轻的琳达和埃迪因为生活压力常常发生争吵，埃迪还是像以前一样常常和不良的朋友厮混，每当琳达阻止他的时候，两人就会激烈地争吵。

在兰斯出生后，琳达和埃迪所面临的生活压力就更大了。许多人都觉得琳达不应该生下兰斯，这个孩子会成为她的累赘，但琳达却抱着孩子逢人就说："这是我的孩子兰斯，你们会记住他的！"

由于与埃迪的矛盾越来越深，琳达在儿子两岁时与埃迪离婚，她和父亲住在一起，并且努力赚钱。但此时的埃迪却开始纠缠琳达，他要琳达带着孩子搬回去，在被琳达拒绝后，他开始不停地找琳达麻烦。不堪骚扰的琳达只能报警，最终埃迪总算从琳达和兰斯的生活中消失了。虽然没有了埃迪的骚扰，但琳达的生活依旧十分困难，她当过女佣、邮差和清洁工，每月所赚的钱少得可怜，在付过房租之后就所剩无几。

琳达在与埃迪离婚一年后，嫁给了一个名叫特里·阿姆斯特朗的男子。特里的工作需要他长期出差，基本上很少在家。但只要特里在家，他就会按照运动员的标准训练兰斯。在兰斯 7 岁时，特里送给他一辆山地车，并要求兰斯每天骑着山地车在山路上来回练习。由于特里的要求太严格，兰斯有时会受不了而哭泣。每当兰斯哭泣时，特里就会斥责他，并命令他把眼泪收回去，要像个男子汉一样坚强。虽然兰斯十分讨厌继父严苛的管教，但这种痛苦的训练却让兰斯在 5 年级时一举获得了校长跑冠军，又在州游泳赛中夺得第 4 名，以及州少年组铁人三项赛的冠军。

兰斯得到了一笔丰厚的比赛奖金，这笔钱不久就花在了医院里，因为琳达因子宫瘤住院了。在琳达住院时，兰斯一直尽心尽力地照顾她，医院里的护士们都很羡慕琳达有这样一个孝顺的儿子。

随着年龄的增长，兰斯越来越不服从继父的管教，他开始和特里正面冲突，有时甚至会与他拳脚相加。后来兰斯意外发现特里出轨，他和特里再次发生激烈争执。不久，琳达就和特里离婚了。得知母亲和继父离婚后，兰斯十分高兴，他终于摆脱了特里的控制，为此他还专门开了个派对来庆祝。

1987 年，15 岁的兰斯参加了"总统杯铁人三项"比赛，并在上千名成年选手中获得了第 32 名的成绩。第二年，兰斯再次参加这项比赛，这次他获得了第 5 名。之后的兰斯一直不停地参加比赛，不停地夺取比赛奖金，这也成了兰斯和琳达的主要经济来源。

除了参加比赛外，兰斯的主要时间都花在了训练上，他深知只有比赛才能改变自己的命运，为此他十分努力和刻苦，甚至有些疯狂。在一次比赛前，兰斯在训练时受了重伤，但他还是坚持参加了比赛，并闯入了前三名。后来，兰斯参加了世界青年自行车锦标赛，夺得全美业余赛冠军，并因此被选入国家队。

1993 年，兰斯参加了一项重要比赛，如果兰斯能赢得冠军，他将会获得百万美元的奖金。终于，兰斯成功了，他第一个冲过了终点线，在快要临近终点时他高声对着琳达喊道："妈妈！我们再也用不着受穷了！"最后，兰斯扑到琳达怀里放声大哭。

1996 年，兰斯参加了"弗兰切 – 沃伦"赛，在赢得比赛后兰斯突然觉得自己的身体不对劲儿，他感觉浑身无力。在参加环法自行车赛时，兰斯出现了睾丸胀痛、咳嗽不止的症状，为此他不得不退出比赛。之后兰斯参加了亚特兰大奥运会，这次兰斯输掉了比赛，因为他的身体已经出现了问题。兰斯来到医院接受检查，检查结果让兰斯十分震惊，他患上了睾丸癌。于是兰斯不得不暂停训练，到医院接受治疗并做了手术。手术很成功，不过由于癌细胞已经扩散，接下来等待兰斯的将是漫长而痛苦的化疗。经过不懈的坚持，兰斯的肿瘤指标开始下降，他的身体渐渐恢复健康，他开始试着锻炼和参加训练。

一年后，兰斯参加了历时 5 天的环西班牙自行车赛。在参赛前，兰斯只是抱着试试看的心态，但所获得的成绩却让兰斯十分惊讶，他获得了第 14 名。1999 年，兰斯参加了环法自行车赛，并成功夺冠。这在美国引起了不小的轰动，兰斯是第一个获得环法自行车赛冠军的美国人。耐克公司派专机接兰斯回国，等待兰斯的是一场盛大的招待会，就连纽约市市长都出动了，上百万市民夹道欢迎兰斯回国，他显然已经成了众人心中的英雄。此外，华尔街也邀请兰斯敲响交易所大钟。

之后的几年内，兰斯一直在环法自行车赛上创造奇迹，当他于2004 年第六次获得环法自行车赛的冠军时，时任美国总统布什将越洋电话打到了凯旋门并对兰斯说："你真让人敬畏！"

在 1999 年到 2005 年期间，兰斯连续七次获得环法自行车赛的车手总冠军，这在环法自行车赛的历史上实属罕见，简直可以称之为奇迹。关键是兰斯还曾身患癌症，他是在 1998 年康复之后创造了环法自行车赛七连冠的奇迹。这让兰斯成了许多人心目中的英雄，同时也招致了许多人的怀疑。怀疑者认为兰斯是靠服用禁药兴奋剂才赢得了冠军，美国反兴奋剂机构也一直在调查兰斯。

在面对质疑者时，兰斯的态度异乎常人的冷酷，凡是公开质疑过他的人，都被他运用财富、盛名和媒体关系打压和报复。其中记者大卫·威尔士就领教过兰斯的手段。为了避免继续被兰斯报复，大卫只能选择不再质疑。

大卫的消息是从一个名叫艾玛的女人那里得知的，艾玛曾经做过兰斯的领队，她了解兰斯使用兴奋剂的内幕。当兰斯得知是艾玛告诉了大卫他服用兴奋剂的消息后，立刻公开攻击艾玛，说艾玛是个酒鬼和荡妇。

随着质疑者和证人越来越多，美国反兴奋剂机构所掌握的证据也越来越充分，最终对兰斯提起诉讼。面对反兴奋剂机构的起诉，兰斯立刻展开了报复和反击，他到处诋毁反兴奋剂机构。但最终，兰斯服用兴奋剂的嫌疑被证实，他也被相关机构取消了 1998 年以后获得的所有冠军以及参赛资格。

兰斯在面对质疑时所做出的种种举动显然是有些过激的，甚至已经到了对质疑者发动人身攻击的程度。兰斯为什么要这么做呢？很显然，兰斯是在极力维护自己胜利者的地位。在兰斯的自传中，他一直将自己标榜为胜利者，他将自己的整个人生都视为比赛。兰斯在身患癌症的时候，他就将癌症当作自己必须战胜的敌人。在兰斯的描述中，他是个很爱争强好胜的人，从小就有十分强烈的竞争意识，这种竞争意识帮助兰斯摆脱了贫困的生活，赢得了人们的崇拜和赞扬。尽管兰斯因为服用兴奋剂而身败名裂，但他一直不认为那是自己犯下的错误，他将所有的责任都推卸到了记者大卫等质疑者的身上。

对于像兰斯这样的极端自恋者来说，人只分为两种，即胜利者和失败者，而他就属于胜利者。当他取得胜利的时候，他就会产生一种优越感，认为自己打败了那些平庸的人。因此他无法忍受失败和他人对自己身为胜利者的质疑。此外，极端自恋者还常常强迫他人扮演失败者的角色，因为只有这样才能衬托出他作为胜利者的形象。

兰斯的这种自恋心理与他的早年生活有着十分密切的关系。在一个人成长的过程中，健康的成长环境会使他建立起自信心。当然，这种健康的环境并不意味着必须是完美的，只要是普通的、温馨的成长环境即可，我们可以从身为普通人的父母那里获得关爱和理解，从而满足我们的情感需求。

显然，兰斯的成长环境与普通家庭相差甚远，甚至可以说十分糟糕。他的生父在他很小的时候就退出了他的生活，母亲只能用微薄的薪水抚养他，这让他从小饱受贫困的折磨。虽然母亲再嫁了，但这段婚姻并不幸福，这一切兰斯都看在眼里，而且兰斯与继父的关系非常糟糕，继父显然不是一个有耐心的父亲，常常打击兰斯。这样糟糕的成长环境无法让兰斯建立起自信心，他总是被自卑折磨着，在他的潜意识里他是个失败者。

失败者的认知会对兰斯的精神造成痛苦的折磨，为了摆脱这种痛苦，兰斯只能给自己编织一个胜利者的幻想，并且一直朝着成为胜利者的目标前进。为了取得胜利，兰斯不仅付出了常人难以想象的努力，还采取了一些非常手段，比如服用禁药兴奋剂。当兰斯成为胜利者之后，他开始想尽办法维护自己胜利者的地位，在他的人生中只有赢，凡是撼动他胜利者地位的人都会被他报复和打击。

像兰斯这样极端的自恋者在现实生活中是十分危险的，因为他们需要失败者来衬托自己，而这个失败者一定是比他更加无助的人，他们不会将比自己强大的人视为失败者。例如很多校园欺凌者，他们通过欺负弱小者来衬托自己"胜利者"的身份，从而摆脱潜意识里自卑感的阴影。

输不起的运动员

2009 年 11 月 28 日，美国著名高尔夫球运动员泰格·伍兹在高速公路上发生了车祸，他的车冲出了高速公路路面，撞上了一棵大树和一个消防龙头。就在车祸发生的前几天，泰格因涉嫌出轨而被媒体广泛关注，人们纷纷猜测泰格的车祸应该与出轨事件密切相关。

泰格的妻子艾琳是一位瑞典泳装模特，长相和身材都不错。艾琳在与泰格结婚后就专心当家庭主妇，一边全力支持泰格的事业，一边为泰格生下了一儿一女。在许多人的心中，泰格和艾琳是完美的一对，他们的婚姻十分幸福美满。谁也想不到，泰格不仅出轨了，还拥有众多情妇。

随着媒体一步步挖掘出泰格的桃色新闻，泰格的情妇数量已经从6 个上升到了 11 个，这些情妇从派对女郎、单亲妈妈、模特、女邻居、夜店服务员，到狂热粉丝的女朋友，可以说是无所不包。人们甚至调侃泰格的情妇可以组成一支足球队，那这支足球队一定是最"美"的球队。随着"偷情门"事件愈演愈烈，泰格终于公开承认自己对妻子的不忠，甚至还声称他将无限期离开高尔夫球赛场以挽回自己的婚姻。

泰格这么说当然是自欺欺人，在这段婚姻中，他从来不在乎妻子的想法和感受，他在乎的只有自己。当然，泰格对自己的情妇们也是如此，他只考虑自己的需求，如果不是泰格声名在外，不会有哪个女人愿意成为他的情妇。那些情妇在接受媒体采访的时候，都说泰格是个无比冷酷、卑鄙的人。

作为一名优秀的高尔夫球运动员，泰格从小就显露出了非凡的打高尔夫球的天赋。年仅 3 岁，泰格就创造了 9 洞 48 杆的成绩；5 岁时，泰格登上了《高尔夫文摘》杂志；18 岁时，泰格成了美国最年轻的业余比赛冠军。像泰格这样的天才式运动员从小就是媒体的宠儿。泰格在接受媒体的采访时，总是表现得十分自信，甚至有些狂妄，他声称自己人生中最有趣的事情就是在比赛时打败所有人。当被问及最喜欢的运动员是谁时，泰格回答说没有这个人。

和许多职业运动员一样，泰格也会遭遇职业瓶颈。当泰格遭遇失败的时候，他那暴躁的脾气就会变得尤为可怕，他甚至不会顾及有镜头在拍他，会不停地咒骂，还会将球杆扔到摄像机上。作为泰格助手的球童常常会成为泰格发泄怒火的对象，尽管球童并未做错什么，泰格也会将失败的责任都推卸到球童身上，说自己的失败都是球童导致的。

虽然运动员所追求的目标都是胜利，但他们一般也都有面对失败的心理准备。但这种心理准备在泰格这里是不存在的，他无法接受失败，为了取得胜利甚至会不择手段，例如在比赛时故意干扰对手。因此，媒体都称泰格是个"输不起的运动员"。

在许多人看来，泰格是一个充满了魅力的高尔夫球运动员，不然也不会吸引那么多女人成为他的情妇。但凡和泰格亲密接触过的人，都无法忍受泰格，因为泰格身上有两个让人难以忍受的致命缺点，即唯我独尊和忽视他人的感受，这恰恰是极端自恋者所拥有的两个显著特征。

像泰格这样的人，他们无法接受失败。当他们取得胜利时，他们会显得十分自信和骄傲，可是没有人会一直胜利。对一般人来说，胜利固然会使人感觉良好，但失败并非不可忍受，失败固然痛苦，但并不会引起强烈的自卑和羞耻感。但对于像泰格这样的极端自恋者来说，他们会因失败而陷入难以忍受的自卑、痛苦中，为了避免被痛苦折磨，于是他们将失败的责任都推卸到他人身上。

泰格之所以会成为"输不起的运动员"，与他的父亲厄尔·泰格密切相关。虽然厄尔只是一个普通人，没有取得像泰格这样令人瞩目的成就，但他和泰格一样都是对家庭不负责的男人，常常出轨。

厄尔的第一任妻子芭芭拉在和厄尔谈恋爱时，曾将厄尔带到自己家中与祖母见面。这位老妇人一眼就看穿了厄尔是个不负责的男人，她劝芭芭拉尽快与厄尔分手，不然以后要吃苦，因为厄尔一看就是一个自私的男人，他根本不会爱他人，即便这个人是他的妻子或孩子。但芭芭拉还是坚持嫁给了厄尔。婚后没几年，厄尔就向芭芭拉提出了离婚，因为他有了情人。

在这段婚姻中，厄尔明明是过错方，却一直将婚姻失败的责任推卸到芭芭拉身上，让芭芭拉变得非常颓废，最终在浑浑噩噩之中签下了离婚协议书。

离婚后，厄尔与一名泰国女子库蒂达结婚。库蒂达为厄尔生下了泰格。在泰格出生后不久，厄尔迷上了高尔夫球运动，并决定将泰格训练成高尔夫球运动员。

在与泰格相处的过程中，厄尔根本不像一个父亲，他自己也承认从来没有将泰格看成一个孩子。每当泰格没有达到厄尔的要求时，厄尔就会将泰格批评得一无是处。在这样的教育下，泰格长期处于一种自我厌弃的自卑感之中。为了消除这种自卑感，泰格只能成为像父亲那样的极端自恋者，用自恋的姿态小心翼翼地维护着自己的自尊。

厄尔与库蒂达结婚后，依然没有改掉偷情的毛病。在厄尔陪着泰格参加美国职业高尔夫球巡回赛的时候，他会利用业余时间和各种女人在酒店里偷情。就连厄尔的姐姐都看不下去了，她虽然疼爱弟弟厄尔，却对厄尔屡次偷情的行为深感不齿，她甚至说如果厄尔是自己的丈夫，那么她一定会开枪打死他。

厄尔除了到处炫耀泰格在高尔夫球场上取得的成就外，还常常吹嘘自己如何伟大。凡是熟知厄尔的人都说他是世界上顶级的吹牛者。为了让别人觉得自己了不起，厄尔还常常撒谎，例如谎称自己是某支球队的得力干将。这种情况在泰格的身上也常常出现。在一次采访中，泰格为了显示自己作为一个有黑人血统的运动员取得成就是多么不容易，就谎称自己在幼儿园时曾被几个大孩子绑在树上，身上还被喷上了"黑鬼"的字样。最终，这个谎言被泰格的老师拆穿。

随着年龄的增长，泰格在高尔夫球场上取得的成就越来越大，这让厄尔十分满意，他开始不停地夸奖泰格，甚至声称泰格将是一个改变世界的男人。这种过度的夸赞只会让泰格变得越来越自恋。

那么，又是什么因素导致厄尔成了一个极端自恋者呢？厄尔出生在一个问题家庭里，他从小没有享受过母爱，他的母亲精神不正常。在一个人的生命早期，与母亲进行良好的互动，从而建立起愉快的母婴关系对一个人的心理健康是十分重要的。如果一个人无法与母亲进行良好互动，那么他的心理必将是不健全的，他会用一种防御的心态来对待周围的人。也就是说，他只会爱自己。厄尔的父亲也不称职，常常会不分场合地发脾气。于是厄尔就成了一个极端自恋者，用自恋来对抗内心深处的自卑感。

在一个人成长的过程中，自尊的建立十分重要。如果一个人像厄尔一样，成长于一个十分糟糕的环境中，那么他极可能会成为一个极端自恋者。但如果一个人与厄尔的遭遇相反，像泰格那样，从少时起就接受了太多的夸赞，也容易形成极端自恋的性格。

在满是夸赞的环境中长大的人，无法建立起客观的标准，对自己无法形成一个正确的认识。渐渐地，他们会变得自大和膨胀起来。但随着接触的世界越来越宽广，脱离了父母为自己创造的那个小世界后，他们开始意识到这种自大是错误的，自己根本不是父母所夸赞的那样优秀，于是强烈的羞耻感就产生了，为了压抑羞耻感，他们只能变得极端自恋。就像泰格一样，他从小就在高尔夫球赛场上屡获成功，得到了太多的夸赞，有来自父亲的，也有来自媒体的。于是，他自大地认为自己就是天生的胜利者，从不会失败。但事实上，这是错误的想法。

爱情世界里的捕猎高手

2015 年 4 月 13 日晚上，歌手麦当娜·西科尼在美国科切拉音乐节上与小其 28 岁的男歌手德雷克一同演出时，突然从后揽着坐在她前方的德雷克，然后用力吻住德雷克。这个场景对歌迷们产生了十分强烈的视觉冲击，这是麦当娜十分擅长的一种用感官刺激挑逗歌迷的手段。当年麦当娜与布兰妮一起演出时，两人就曾当众接吻。

接吻完毕后，麦当娜露出了自信的表情，德雷克却面容扭曲，眉头紧皱。于是，麦当娜和德雷克一下子成了网友们讨论的焦点。有人觉得德雷克不识好歹，毕竟和他接吻的是麦当娜！更多的网友认为，麦当娜作为已有四个孩子的单身母亲，当众做出这样的举动实属不雅。对于质疑，麦当娜给出了强硬的反击："如果你们不喜欢我，但还是会看我表演的话，那你们依旧是我的粉丝，不过，你们也真是够低下啊！"

提起麦当娜，人们除了会想起她是个"摇滚巨星"外，还常常给她贴上"性感"这个标签。在人们的眼中，麦当娜永远与"性感"主题有关。在麦当娜成长的 20 世纪六七十年代，许多年轻人会将"性"当成表达自我价值的一种方式，或者干脆用"性"来表达自己叛逆的态度。麦当娜也是如此，当然麦当娜不仅仅是走性感路线的明星，她的性感不是为了取悦男性，那只是她性格中的一部分，她享受和操控着"性"，她这种带着极强掌控欲的性感也吸引了大批女性粉丝。

有些人认为麦当娜虽然是超级巨星，但唱功和创作能力逊色一些，她的成功与她叛逆和大胆的个性密切相关。麦当娜的演唱会总是充满了血脉偾张的视觉冲击，当然这种将音乐视觉化的趋向也是当时乐坛发展的主流。在演唱会上，麦当娜除了会做出接吻这样的疯狂举动外，着装也很大胆，比如她会将内衣外穿，在她看来，女人想怎么穿就怎么穿，完全不用顾忌男人的眼光。

除了这些因素外，麦当娜还十分擅长利用与他人的交往让自己一步步走向成功，尤其是与男人的交往。在爱情世界里，麦当娜就是一个捕猎高手。

麦当娜最初的梦想是成为一名舞者，但麦当娜的父亲希望女儿能读完大学，然后找一份律师或会计之类的工作。不过麦当娜并没有听从父亲的安排，1977 年，麦当娜来到纽约学习跳舞，她想成为一名芭蕾舞演员。

几年后，麦当娜放弃了成为芭蕾舞演员的梦想，她觉得这个梦想会让自己永无出头之日。这时麦当娜认识了一个男人，他名叫丹·吉尔罗伊，有自己的乐队。在与吉尔罗伊确认恋爱关系后，麦当娜就通过这个男人成了乐队的一分子，并从他那里学习到了一些乐器的基础知识以及如何唱歌。不久，麦当娜就对吉尔罗伊提出了分手，她在离开他后开始组建自己的乐队。吉尔罗伊并未对这段感情做出挽回，他太了解麦当娜了，知道麦当娜不会对自己始终如一。

1983 年，麦当娜发行了首张以她自己的名字命名的专辑《麦当娜》。这张专辑是在麦当娜新任男友马克的帮助下发行的。专辑发行后没多久，麦当娜就和马克分手了，她又交了新的男友约翰，这个男人是一个颇有名气的制作人，能为麦当娜带来更大的成功。麦当娜与约翰的关系发展得十分迅速，两人很快就订婚了。

不久，麦当娜开始与一名杂志社主编史蒂夫·纽曼约会。史蒂夫知道麦当娜有未婚夫，他提出让麦当娜尽快解除婚约，不然他是不可能与麦当娜在一起的。麦当娜果断答应了史蒂夫，说自己会尽快处理与约翰的关系。

约翰自然也感觉到了麦当娜的不忠，于是一天晚上，约翰偷偷跟踪了麦当娜。当麦当娜走进史蒂夫的住所时，约翰再也压抑不住怒火，直接冲了进去。接着，三人发生了激烈的争吵，麦当娜一边贬低约翰配不上自己，一边趁机提出解除与约翰的婚约。最后约翰只能败兴而归。约翰离开后，麦当娜对史蒂夫说，希望他能原谅自己，她只爱他一个人。

但麦当娜成名后，她便向史蒂夫提出了分手。麦当娜将分手的理由说得很直白，她认为自己已经成名，能赚许多钱，而史蒂夫根本配不上她，她还直言不讳地说自己想要的只有成功和金钱。

在公众的眼中，麦当娜总是显得十分自信。麦当娜曾拍摄过一张吸烟的照片，这张照片如今已成为经典。在那个年代，吸烟似乎只属于男人，男人吸烟会被认为有男人味，而女人吸烟则被认为是不正经，甚至会给人一种坏女人的印象。但麦当娜吸烟的照片却给人一种性感、自信的感觉，她的神态中充满了对现实的讽刺和挑战。

麦当娜的魅力不仅仅在于她的才华与自信，她还有着非同寻常的诱惑力，这种诱惑力与性无关。在与恋人最初的相处过程中，麦当娜会表现出对对方十分感兴趣的样子，她很聪明，知道对方想听什么话。有时候，麦当娜为了讨得对方的欢心不惜说些奉承话。正是这种仿佛被迷倒的样子，让麦当娜充满了魅力。

在人与人相处的过程中，以自我为中心的人往往是令人厌恶的，因为每个人都渴望对方能全心全意地关注自己。且不说麦当娜这样的巨星，就算一个普通的漂亮女性，如果她在与一名男子交谈的过程中，能够仔细聆听对方，并且表现出对对方很感兴趣的样子，那么这名男子的自我感觉一定会非常好，会觉得这个漂亮的女人喜欢自己，他的自尊心得到满足，也会对这个女人产生好感并渐渐被她"捕获"。

前美国总统比尔·克林顿在与人相处的过程中就十分善于使用这种方式来展现自己的魅力。凡是和克林顿有过一面之交的人，基本上都会被克林顿的魅力所折服，即使他们之前并不喜欢克林顿。据克林顿身边的人观察，克林顿在与人交往时，会给予对方全心全意的关注，与对方保持着密切的眼神接触。克林顿的这种做法会使对方感觉自己是个非常重要的人，这种感觉非常好，几乎不会有人讨厌。因此与克林顿交往的人会产生一种愉悦感，从而觉得克林顿是个颇具魅力的人。

上述的这种魅力本无可厚非，但如果一个人只是将这种魅力作为引诱和利用对方的手段，那就会给周围的人带来伤害。对于麦当娜这样的极端自恋者来说，通过对对方的关注达到引诱对方的目的，一旦对方掉入她的陷阱之中，那么主动权就掌控在她手里了。因为麦当娜可以轻易地从这段亲密关系中抽身，但麦当娜的情人们却无法做到。也就是说，麦当娜自始至终只爱她自己。她会"假装"将一个人当作自己的中心，是因为她想通过这种方式来使对方将自己当作最重要的人。

常言道："情人眼里出西施。"在恋爱关系中，双方会将对方看得十分重要，从而认为对方是世界上最有魅力的人。这种魅力基本上来自对方对自己的关注，在对方的心中，自己是独一无二的存在。正因为如此，人们才会轻易地坠入爱河。

每个人或多或少都会有些自恋，当一个人满足自己的自恋需求时，我们会轻易地被对方吸引。在麦当娜与约翰、史蒂夫的三角关系中，约翰大闹了一场后，麦当娜为了得到史蒂夫的原谅，一直表示自己只爱史蒂夫一个人。麦当娜的这种说法显然让史蒂夫的自恋心理得到了满足。如果在一段亲密关系中，对方是个像麦当娜一样的极端自恋者，那么他（她）对你的关注迟早会成倍地收回，如果你无法满足他（她）的需求，那么他（她）就会毫不留情地抛弃你。

虽然许多人都被像麦当娜这样的极端自恋者伤害过，但这并不表示他们是故意这样做的，很多时候他们也是无意为之。卡米尔·芭博恩曾是麦当娜的经纪人，麦当娜也曾引诱过卡米尔，当然只是精神层面的。麦当娜的种种言行使卡米尔产生了一种错觉——自己是麦当娜人生中最重要的人。当卡米尔沦陷在麦当娜的诱惑中后，麦当娜就开始进行索取。这种情感索取让卡米尔觉得非常痛苦，可是一旦卡米尔拒绝麦当娜，那么就会招来麦当娜的报复。不过卡米尔并不认为麦当娜是故意这样做的，卡米尔认为麦当娜只是不会去爱别人，不会站在别人的角度考虑问题。这或许与麦当娜早年丧母的经历有着十分密切的联系。

麦当娜出生于一个虔诚地信仰天主教的大家庭，她的母亲一共生下了 7 个孩子。在麦当娜 5 岁的时候，她的母亲过世了。从那以后，麦当娜的父亲就一人挑起了养家的重担，一边工作一边照顾这 7 个孩子。麦当娜的父亲是个很严厉的人，制定了许多生活上的规矩，所有的孩子都必须严格遵守，不然就会受到惩罚。

早年丧母的经历给麦当娜的心理造成了难以愈合的伤口，她自己也时常提到母亲去世时的痛苦。母亲去世后，麦当娜一直被孤独笼罩着，她强烈地渴望被爱。为了克服这种痛苦，麦当娜只能强迫自己变得坚强起来。麦当娜长大后所表现出的独立、叛逆等性格特点，都是为了逃避早年丧母所带来的无助感。长大后的麦当娜虽然可以轻易地进入一段恋爱关系中，但她却无法去爱别人，因为只有不再爱任何人，才不会再体会到被抛弃的痛苦。

一个人在付出真诚的情感时是渴望被回应的，如果一直得不到回应，那么就会受到深深的伤害。对于像麦当娜这样的极端自恋者来说，他们不会付出真诚的情感，因为他们害怕被拒绝、被伤害，但他们却要求周围的人对自己付出真诚的情感，不然他们就会抛弃，甚至报复对方。这种不对等的爱让人窒息。

站在世界中心

武姜是春秋初期郑国国君郑武公的妻子，同时也是寤生和共叔段的母亲。武姜是历史上有名的偏心母亲，她将全部的母爱都给了小儿子共叔段。既然两个都是自己的儿子，武姜为什么如此厚此薄彼呢？

据记载，在寤生出生的时候，武姜受到了惊吓。据说是因为难产，即在分娩时，胎儿的腿先出来，因此武姜还给儿子起了"寤生"这个名字，意思就是"逆生，产儿足先出"。这是武姜不喜大儿子而偏爱小儿子的一个重要原因。另一个原因则是，共叔段不仅相貌好，还聪明伶俐，因此深得武姜的喜爱。

和所有溺爱孩子的父母一样，武姜恨不得将全世界最好的东西都给共叔段，包括郑国国君的宝座。可是按照当时的嫡长子继承制，国君的继承人只能是寤生。因此，武姜只能给郑武公吹枕边风，希望郑武公废掉寤生，将国君的位子传给共叔段。所幸，郑武公并没有答应武姜。在当时，如果嫡长子没有明显过错，是不能轻易废除其继承权的，不然会引起政局动荡。

郑武公二十七年，郑武公去世，当时寤生只有 13 岁，共叔段只有 10 岁。寤生顺利继位，成为郑国国君。虽然寤生一下子变为了郑国至尊，但武姜还是很讨厌他，并且对共叔段的溺爱毫不收敛，甚至还亲自向寤生为共叔段讨要封地。武姜看上了一个名叫制邑的地方，并要求寤生将此地划给共叔段作为封地。寤生自然不同意，他对武姜说："制邑是个险要的地方，从前虢叔就死在那里。若是给共叔段其他城邑作为封地，我都可以照您的吩咐办。"最终，武姜挑了一个名叫京城的地方。

到了京城以后，共叔段干了许多无法无天、目无纲纪的事情，例如扩大城池、招兵买马、招降纳叛，显然根本不把寤生这个国君放在眼里。共叔段的背后有武姜撑腰，不论他做下什么出格的事情，武姜都会给他收拾烂摊子。后来共叔段变得越来越胆大妄为，开始蚕食封地之外的郑国土地。

作为郑国国君的寤生在得知共叔段的种种违制行为后，并未阻止，也没有斥责，而是任其胡闹。寤生的这种行为被后世称为"捧杀"，即你随便胡闹，等你闹得天怒人怨的时候，我再出手，这样才算名正言顺。

寤生虽然能忍，他手下的大臣却看不下去了，劝诫他："这样不行啊，大王，一个国家怎么能同时有两个国君呢！您得赶紧阻止他。"寤生表示很无奈："母亲支持他这样做，我有什么办法。"

武姜也从来不认为共叔段做得有什么不对，她一直支持共叔段的胡闹行为。在母亲和兄长的纵容下，共叔段变得更加无法无天了，他开始惦记起了寤生的国君位置，并且准备偷袭郑国国都，夺取国君的位置。而武姜不仅支持共叔段这样做，还愿意与他里应外合，为他打开城门。

寤生在得知共叔段率兵攻打郑国国都的消息后并没有慌张，据记载，他只平静地说了两个字——"可矣"！这两个字让许多后世之人觉得寤生一直在等待这样一个机会，一个可以名正言顺地收拾共叔段的机会。

共叔段的兵马根本无法与郑国国君的军队相提并论。战争刚开始，共叔段一方就被打得溃不成军，只能逃到鄢地避难。寤生并未就此放过共叔段，他率军一路追击到鄢地。最终，共叔段只能逃到卫国的共地，他也因此被后世称为"共叔段"。

虽然共叔段已是一个历史人物，但在我们的身边也有许多像共叔段一样在父母溺爱下长大的人。有些父母因为种种原因想要给孩子最好的生活，例如有的人在童年时期被父母所忽视，于是在有了自己的孩子后，会倾尽全力给孩子创造好的环境，满足孩子的一切要求，让孩子过上自己原本想要的生活。但在溺爱环境中长大的孩子，通常会像共叔段一样，认为自己站在世界中心，自己与众不同，不需要遵从社会规则。在他们看来，规则是约束普通人的，他们没必要遵守。

在一个人成长过程中的某一个阶段，我们会对自身产生一种不真实的、膨胀的认知，认为自己无所不能、刀枪不入。这个时候，我们喜欢假扮成自己理想中的人物，例如披着披风假扮成超人，从高处跃下。这种所向披靡的感受固然令人沉迷，却是对自我的一种不真实的认知。如果这个时候，父母采用了溺爱的教育方式，那么就可能培养出一个极端自恋者。

武姜的小儿子共叔段本身就有许多优势，例如相貌出众、聪明伶俐。这些优势对于共叔段来说，本来就是值得骄傲的资本。再加上武姜的溺爱，共叔段就更加认为自己与众不同，认为自己最有资格成为郑国国君。所以，后来共叔段才会在自己的封地中无所顾忌，直到谋取王位。而且，共叔段对自身的能力没有一个正确、客观的认知，明明是他先发动进攻，占据优先权，还有武姜与他里应外合，但他还是被寤生的军队轻松打败了。这说明他盲目地高看了自己的能力。

在溺爱中长大的人，从小就接受了太多的夸赞，他们会理所当然地认为自己想要什么就会得到什么。的确，在一个人很小的时候，父母可以轻易满足他的要求，例如购买他喜欢的玩具。但随着年龄的增长，与外界接触越来越多，他开始渐渐走出父母为他营造的小世界。在外面的世界中，有一套需要人人遵守的规则，可他不去遵守，因为在他看来，那套规则是给普通人准备的。这为他的受挫埋下了伏笔。

溺爱会使父母将孩子完美化，似乎孩子身上没有一点儿缺点，在父母的影响下，孩子也会这样看待自己，于是孩子就无法掌握人际交往中一个十分关键的规则，即照顾他人的感受。因此他们很少有朋友，没有人愿意和一个总是以为自己最重要而忽视他人感受的人在一起。

溺爱会导致一个人形成膨胀的自我认知，在这种不切实际的认知的影响下，一个人往往无法脚踏实地努力学习或工作，因为他总觉得自己想要什么就会拥有什么，根本不用花费功夫就应该得到。就像上述案例中，由于姜武的溺爱，共叔段认为自己是个特殊的人，他不用被传统的嫡长子继承制度所束缚。后来到了封地，随着一次次的胡闹没有受到应有的惩罚，共叔段就变得更加膨胀起来，膨胀到认为自己可以取代兄长成为郑国国君。一个人如果无法对自我有正确、客观的认识，那么他就永远不会成熟，不会像成年人一样对自己和他人负责。

自我陶醉的烦人精

公元前 100 年，盖乌斯·尤利乌斯·恺撒出生于罗马的一个贵族家庭中，他的父亲是罗马大法官，叔父是罗马执政官，母亲也来自一个罗马执政官的家族。

20 岁时，恺撒投身军旅，开始了为期 10 年的戎马生涯。在此期间，恺撒作战英勇，屡立战功。30 岁时，恺撒开始投身政治，他的个人魅力让他赢得了社会各界的重视，人们都认为恺撒是个慷慨大方、虚怀若谷的人。32 岁时，恺撒成了罗马的财政官，为了扩大个人的政治影响，恺撒屡次质疑当权者苏拉的错误政策，因为当时很多人已对苏拉的寡头统治十分不满。这样一来，恺撒更加受到人们的追捧，这些都让恺撒产生了强烈的自我优越感。

39 岁时，恺撒成为西班牙行省的总督，这让恺撒的影响力进一步扩大，他甚至还成了当时罗马政坛两个著名人物庞培、克拉苏的拉拢对象。恺撒在与庞培、克拉苏达成秘密协议之后，一下子成为罗马政坛的三雄之一。

40 岁时，恺撒实现了自己梦寐以求的政治梦想，成为罗马的执政官。后来，恺撒又出任高卢的总督。在这期间，恺撒征服了大半个高卢，为罗马掠夺了大量的战利品和几十万战俘，这让元老院的贵族们十分高兴，纷纷称赞恺撒。这也进一步增强了恺撒的自我陶醉感，他开始将自己看成像亚历山大大帝一样的人物，而亚历山大大帝正是他崇拜的对象。

恺撒 48 岁时，罗马政坛的三雄之一克拉苏在与安息人的交战中不幸战败身亡，这样一来，恺撒的政治对手就只剩下庞培一个人。公元前 52 年，庞培被元老院的贵族们拥护担任执政官一职，当时，恺撒的一个拥护者被杀害并引起了暴动，这让贵族们开始忌惮恺撒的势力。

庞培成为执政官后，一边镇压暴动，一边打压恺撒的势力。此外元老院的贵族们也开始站在庞培一边，并限期让恺撒交出兵权。恺撒拒绝交出兵权后，元老院公开宣布恺撒是罗马的敌人，特许庞培率兵攻打恺撒。在这场交战中，庞培失败了，只得带着自己的势力逃往希腊，于是恺撒成了罗马唯一的掌权者。之后的几年内，恺撒一直致力于消除庞培的势力。由于屡创胜绩，恺撒成了人们心中的常胜将军，他变得更加自我陶醉，甚至将自己视为一个神。

失败的庞培一路逃到了埃及，埃及国王托勒密十二世为了讨好恺撒，将庞培杀死后把他的人头献给了恺撒。从此，恺撒成了罗马的最高主宰，成了罗马的神，没有人敢在恺撒面前说"不"。

恺撒返回罗马后，受到了空前的欢迎，他成了一个集军、政、司法大权于一身的人，拥有至高无上的权力，元老院再也不是恺撒的阻碍。恺撒的雕像出现在罗马城的大街小巷，他的事迹被人们广泛传颂着，他听到的全是赞扬，他可以对任何人发号施令，他的自我陶醉已经达到了顶点，他完全忽略了元老院中的某些贵族对自己的不满。此时，一场刺杀恺撒的阴谋正在酝酿之中，就连恺撒最亲密的朋友布鲁图斯也参与其中。

公元前 44 年 3 月 15 日，恺撒被邀请到元老院议事，他不知道许多人的身上都藏着一把匕首，随时准备刺入他的身体。恺撒到会议厅中坐下后不久，就有一个人跑到他的面前，并抓住他的紫袍，好像有求于他。实际上这是阴谋者们动手的暗号，很快众人一拥而上，纷纷掏出藏在身上的匕首刺向恺撒。最终恺撒被刺死，他一共被刺中了 23 下，其中有 3 处是致命伤。

恺撒被刺死的悲剧本可以避免，他在独自一人前往会议厅之前就曾被人警告过，说这天将会有人谋杀他，并希望他能带着卫队前去。但恺撒拒绝了："要卫队来保护，那是胆小鬼干的事。"由此可见，凯斯是相当自负的，他听惯了人们的恭维之词，根本不相信别人会反抗自己，也不相信自己会死于一群小人物之手。

早年的恺撒并没有这么自负，相反，他是个十分小心谨慎的人，但随着功名的扩大以及地位的不断提高，他渐渐变得自负起来。一个人如果长期处于自我陶醉之中，那么他很容易就会变成一个喜欢表现自我、极端追求并享受他人对自己的关注的人。恺撒自认为是个英雄，每天都沉迷在自己的英雄形象里，还十分迷信自身的领袖魅力和感召力，认为不会有人挑战自己的权威。但实际上，一群贵族早就对恺撒不满了。在遇刺时，恺撒本来还在抵抗和挣扎，但当他看到布鲁图斯也在行刺之列中时，他彻底放弃了抵抗，任由阴谋者的匕首刺入自己的身体，直至身亡。恺撒说的最后一句话是："怎么，还有你，布鲁图斯。"从这句话中我们可以看出，恺撒根本不相信自己这样一个伟大的英雄会被自己的密友背叛。

当一个极端自恋者像恺撒一样，自身取得了巨大的成就，刚好又富有人格魅力时，那么他就不会给人一种妄自尊大的印象，相反，会有一大批崇拜他的追随者。对于他来说，追随者的崇拜是一种美妙的享受，可以用来维护他膨胀的自我。而这就是危机的开始，因为在这种自我膨胀状态下，他通常很难意识到自己的错误，甚至会认为自己不会犯错，坚信自己比所有人知道的都多。他只能接受别人的奉承话，一旦有人对他提出质疑，他就会摆出一副轻蔑的姿态。

像恺撒这样自我陶醉的极端自恋者，虽然会有一大批追随者，但对于恺撒周围的人来说，与恺撒相处永远是痛苦的，因为他总是强迫对方听从自己的命令，好像任何人在他面前，都只是失败者和弱者。这点在史蒂夫·乔布斯的身上也有所体现，乔布斯被成千上万的人崇拜，好像一个神话般的人物，但凡是和乔布斯有过近距离接触的人都会认为他性格古怪、难以相处，乔布斯总是出言攻击对方，好像在他的面前，别人永远是渺小低微的存在。

许多人之所以会将恺撒、乔布斯之类取得一定成就的极端自恋者当成自己崇拜的偶像，与人性中服从权威的一面是密不可分的。美国社会心理学家斯坦利·米尔格兰姆曾做过一个服从权威实验，实验结果不仅证明人性中有服从权威的一面，还证明人在服从权威的时候，甚至不惜做出伤害他人的事情来。正是这种服从权威的需求，让许多人崇拜恺撒、乔布斯，在崇拜者看来，他们就是英雄和拯救者，自己只需要追随他们即可。

虽然我们不会和恺撒、乔布斯这些偶像般的人物有近距离接触，但我们周围也有许多像他们一样的自我陶醉者。如果一个人从小就十分优秀，远超同龄人，比如在学业上取得优异的成绩，那么他就很容易变得自负起来。望子成龙、望女成凤的期望几乎每个父母都有，当他们有一个十分优秀的孩子时，他们一定会感到很骄傲。而父母的骄傲有时也会加重孩子的自负。

一个总是在自我陶醉的人，很难受到周围人的欢迎。因为他总想成为掌控者，例如在谈话的时候，他总会将话题引到自己身上，并将自己抬到一种高高在上的优越地位上，每当别人想打断他的时候，他就会表现出一种"这里我做主"的姿态。

小月从小聪明伶俐，学习成绩很好，经常受到老师、父母的夸赞，但小月没什么朋友，不过小月也不在乎，在她看来，自己根本不是一般人，也用不着和普通人做朋友。大学毕业后，小月找到一份不错的工作。几年后，小月成了公司人事部门的主管。

每逢春节，亲朋好友相聚的时候都不会主动邀请小月。因为在吃饭的时候，小月总会谈及自己的工作，说自己如何负责，帮助同事们处理了多少难题。在小月眼里，她是公司里不可或缺的重要人物。但关键是，没有人对小月的这些话感兴趣，不过小月自己却乐在其中，优越感十足。

除了工作之外，小月还常常说一些自己的经历，她认为自己的经历非常有趣，有时候说着说着就会大笑起来，但其实没有人对她说的内容感兴趣。每当有人试图把话题从小月身上引开的时候，小月就会随便提起一件事情，将话题重新引到自己身上。小月似乎想表现出一副无所不知的姿态，所有的话题都在展现着自己的优越性，并且将其他人都衬托为失败者。

自我陶醉的极端自恋者之所以惹人烦，就是因为他们常常像小月一样，以一种高高在上的姿态出现，甚至会表现得十分傲慢，好像其他人都比他无能和卑微。关键是，他渴望别人附和自己所说的内容或提出的建议，这样才能满足他那膨胀的自我。

美好的虚拟世界

电影《阿凡达》中，男主角杰克·萨利曾经是一名海军陆战队队员，他因脊椎受到严重损伤而导致下半身失去知觉，成了一个双腿瘫痪的人。生活一下子变得索然无味，他觉得再没有任何东西值得自己去战斗。杰克也想过通过手术让自己站起来，但手术费用十分高昂，他根本支付不起。就在这时，杰克接到了一项特殊的军事任务，即到一个名为潘多拉的星球上接受一场实验。

潘多拉星球虽然环境严酷，不适合人类居住，但有一种能彻底改变人类能源产业的矿物元素。潘多拉星球上的动植物都十分凶猛，还生活着一种蓝色的类人生物，被称为纳美族人。纳美族人长得都很高，足足有 10 米，还拥有强大的体能和感知能力。对于人类到潘多拉星球上挖矿的行为，纳美族人都十分不满。

虽然人类可以通过佩戴空气过滤面罩在潘多拉星球上作业，却无法与纳美族人进行直接的交流。于是科学家制造出了一个克隆的纳美族人，这个克隆人是人类 DNA 和纳美族人 DNA 结合在一起的产物，可以被人类操控。但想要操纵这个克隆人，就必须得和它的 DNA 相匹配。而为克隆人提供 DNA 的人类恰恰是杰克的双胞胎哥哥，他被杀死后，只有杰克能操纵这个克隆人了。

杰克接受了这项任务并开始进行操控，他的意识进入了克隆人的身体里。他不仅摆脱了之前残废的人类身体，还拥有了超越人类，只属于纳美族人的强大力量。这让他十分满意，他的生活也开始变得有意义起来。

潘多拉星球十分美丽，这里有参天巨树、飘浮在空中的群山、各种奇怪的动物、晚上会发光的植物，杰克十分喜欢这里。这里除了有美景外，还有凶猛的野兽，杰克很快就遇到了危险，为了躲避一头死圣兽的追击，杰克与队友失去了联系。杰克好不容易躲开了死圣兽，晚上却被一群土狼袭击。就在杰克差点沦为土狼的晚餐之际，纳美族的公主涅提妮救了他。

杰克在与涅提妮相处的过程中，了解了许多和潘多拉星球有关的知识，也得知了纳美族人对人类在潘多拉星球采矿的不满。渐渐地，杰克开始理解纳美族人，并加入纳美族人对抗人类采矿的行列之中，他认为这才是值得自己为之战斗的东西。

每当克隆人睡觉时，杰克的意识就会离开克隆人的身体，回到自己的人类身体当中，如果想要再次回到克隆人的身体中，他就必须通过专门的连接设备。但当杰克准备为保卫潘多拉星球而战时，他就成了人类的敌人，也就失去了进入克隆人身体的机会，只能回到从前的生活中。

为了消灭纳美族这股反对人类采矿的势力，人类决定派遣战机摧毁纳美族人所生存的家园树。杰克得知这个消息后，主动找到负责人，希望他不要那么做，并且表示自己可以作为谈判代表去和纳美族人进行交涉，让他们主动离开家园树。

杰克失败了，纳美族人非常愤怒，拒绝离开家园树，还将杰克和另一个人类代表——一位女教授绑在刑架上。采矿公司在得知杰克失败后，便即刻命令战机朝纳美族人开火。最终家园树被彻底摧毁，纳美族人只得寻找新的神树定居，纳美族人的领袖也死在了这场轰炸中。

杰克由于与人类站在了对立的立场上，于是被控制起来，他拼命摆脱了人类的控制，找到了纳美族人暂居的神树，呼吁他们要和人类对抗到底，并且与潘多拉星球上其他部落的人取得了联系。于是，一支几千人的反抗军组建起来。采矿公司发现反抗军后，立刻准备破坏力更大的炸药，打算将纳美族人彻底消灭。但在杰克的带领下，反抗军最终战胜了人类，采矿公司的人也都离开了潘多拉星球。

杰克并未离开，他想成为纳美族人的一分子，继续在潘多拉星球上生活。最终纳美族人满足了杰克的愿望，借助神树的力量，将杰克的意识永远地留在了克隆人阿凡达的身上。后来，杰克成了纳美族人的领袖。

《阿凡达》虽然是一部科幻电影，杰克身上所经历的一切在现实生活中都是不可能发生的，潘多拉星球也并不存在，但抛开这段科幻的经历来看，杰克的行为与游戏上瘾十分类似。在现实生活中，杰克有一副他极力想摆脱的残疾身体；但在潘多拉星球上，他不仅身体健康，而且拥有超越人类的力量。也就是说，相比较于地球上挫败无聊的生活，潘多拉星球上的生活更精彩，更有意思，因此杰克在战争结束后并未回到地球上，而是选择永久地生活在潘多拉星球上，还成了纳美族人的领袖。

　　小翔是一个独生子，从小就得到了父母和爷爷奶奶的全部宠爱，自制力很差。到外地上大学后，由于突然失去了父母的约束，他一下子变得无所适从，无法适应新的大学生活，于是每天沉溺于虚拟的网络游戏之中。后来，小翔对网络游戏越来越上瘾，开始频繁旷课。由于旷课次数过多，再加上考试成绩不及格，小翔面临着退学的风险。

　　起初，老师找小翔谈话，希望小翔戒掉网络游戏。小翔当着老师的面也做出了保证，但事后还是经不住网络游戏的诱惑，常常跑出去上网。小翔的室友看到他经常去网吧包夜，也劝他收敛一点，但都没有什么效果。最终，小翔的爷爷奶奶只能来到小翔学校附近住下，专门督促他。小翔的爷爷每天早上都会买好早点去宿舍找他，除了上课时间外，小翔一直和爷爷奶奶待在一起。

　　在爷爷奶奶陪读的一个多月的时间里，小翔的自制力有所提高，基本没有旷课，去网吧的次数也少了。但这时小翔奶奶的身体出现了问题，需要回家养病，于是陪读只能暂时中止。没了爷爷奶奶的监督，小翔的网瘾很快又犯了，他又开始旷课、上网、玩游戏。

　　小翔的经历其实和电影《阿凡达》中的杰克一样，都是沉溺于美好的虚拟世界之中。在虚拟的游戏世界里，他是个无往不胜的英雄人物；但在现实世界里，他是一个什么都不懂、什么都不会的失败者。小翔的学习基础较差，因此在适应大学新生活的时候有些吃力。小翔没有什么特长，在校园里根本找不到可以展现自我的舞台。再加上小翔因过度上网，与同学、舍友的关系越来越疏远，他只能到网络游戏中寻找成就感。

一个人之所以会成为极端自恋者，与其低自尊、羞耻感是密不可分的。而正是这种感觉，让他在遭遇现实生活中的巨大打击时，出现各种逃避现实的成瘾性行为。当一个人在现实生活中总是遭遇失败、无法成为自己期望中的样子时，就会产生一种强烈的挫败感，于是低自尊和羞耻感就出现了。为了摆脱这种痛苦，有些人会选择让自己沉溺在美好的虚拟世界之中，因此就会出现各种成瘾性的行为，例如沉迷于网络游戏、酗酒，甚至吸毒。这些成瘾性行为虽然可以让一个人获得短暂的快乐，却只会让一个人变得越来越糟糕。

在电影《阿凡达》中，杰克十分幸运，他的意识可以永远地进入阿凡达的身体内，而在潘多拉星球上，他是一个举足轻重的领袖，可以不用回到人类社会中，他与想象中的自己完美地结合了。但在现实生活中，对于那些有成瘾性行为的人来说，他只会进入一种痛苦的恶性循环之中。

在上述案例中，小翔为了摆脱现实的痛苦而沉迷于网络游戏，网络游戏让他面临着被退学的危险，于是他在放纵自己后会变得更加痛苦，更加耻于自己的放纵行为，更加想要逃避现实，这样会让他更加依赖网络游戏，上网越来越频繁，旷课次数也越来越多。

许多成瘾性行为之所以有害，是因为上瘾者会有明显的社会、心理损害。他们无法控制自己，面临学业、工作上的失败，而且他们的人际交往能力也会变得越来越差。

一个人不论是网络上瘾还是酒精上瘾，这么做只是为了满足自己的需求，因为在美好的虚拟世界里不用承受低自尊带来的痛苦。可是他们的这些成瘾性行为却会给周围的人带来痛苦。例如上述案例中的小翔，他一直沉溺于网络游戏，甚至将被学校开除，他在网络游戏中可以获得片刻的快乐，但他的父母和爷爷奶奶却因为他一直处于焦虑和痛苦之中。也就是说，小翔沉迷于网络时完全不顾及他人的感受，只想到了自己。想要成功戒瘾，就必须从美好的虚拟世界中抽身，学会面对失败带来的羞耻感，改变现状，让自己变得越来越自信。

第四章

人人都有负面情绪——人性的缺陷

所有人都是竞争对手

美国小说家菲茨杰拉德出生于明尼苏达州圣保罗市的一个中产阶级家庭中，他的父亲是个家具商。13 岁时，菲茨杰拉德父亲的家具生意破产了，他们的日子开始变得艰难起来。17 岁时，菲茨杰拉德进入普林斯顿大学学习，梦想成为一名小说家。19 岁时，菲茨杰拉德与一个名叫杰内瓦的富家女相识，杰内瓦的父亲是一名股票经纪人，同时还是个地产大亨。

菲茨杰拉德在与杰内瓦通信一年多以后，受到杰内瓦的邀请去她家拜访，当杰内瓦的父亲得知菲茨杰拉德只是一个破产的家具商的儿子后，说了这样一句话："穷人家的男孩子，从来不该动娶富家女孩子的念头。"

就这样，菲茨杰拉德失恋了，他决定报名去参军，当时正值第一次世界大战。但菲茨杰拉德又害怕自己死在战场上，从此再无机会成为小说家，所以在入伍之前写了一部小说，却被拒绝出版。菲茨杰拉德的这段经历与他所著的小说《了不起的盖茨比》中的故事十分相似。

故事中，尼克来自美国中西部的一个富裕家庭，在当地，尼克也算是一个小有名气的"富二代"，是上流社会的一分子。来到纽约后，尼克通过校友汤姆的介绍在一个聚集着富人的社区中居住。汤姆虽然是个不学无术的纨绔子弟，但仗着家里的关系和自己的体育特长进入了耶鲁大学。

尼克的邻居名叫盖茨比，盖茨比的豪宅每天晚上都会举行大型宴会。宴会极尽奢华，宾客可以在这里整晚狂欢，花园、跳台、游泳池、两艘小汽艇免费开放，轿车和旅行车被当成公共汽车一样地接送客人，各种食物、酒水应有尽有，还有喧闹的乐队和亮丽的彩灯，挥霍无度。

尼克与盖茨比初次相见时，盖茨比是这样介绍自己的："我是中西部的一个富家子弟，全家人都过世了，只剩下我自己。我在美国长大，在英国牛津大学接受教育。我家祖祖辈辈都在牛津大学接受教育，这是我们家族的传统。"显然，盖茨比这个从牛津大学毕业的富家子弟盖过了尼克这个从耶鲁大学毕业的富家子弟。但很快，尼克就知道盖茨比撒谎了。盖茨比来自一个十分普通的家庭，曾是一个贫困的军官，在做了一些非法生意后一夜暴富。

后来尼克从盖茨比那里了解到，他之所以夜夜笙歌，不是为了做生意，不是为了扩展人脉，也不是为了让自己开心，而是为了引起一个名叫黛西的女人的注意。他想通过这种方式吸引黛西主动来这里聚会。

年轻时，盖茨比与富家女黛西相识相恋。第一次世界大战爆发后，盖茨比被派到了欧洲战场上，他与黛西自然而然地分手了。很快，黛西就结婚了，她嫁给了纨绔子弟汤姆。但是婚后的黛西过得并不幸福，她的丈夫在外有许多情人。后来，汤姆和黛西顶不住婚外情所造成的压力，搬到了纽约。但来到纽约后不久，汤姆很快又有了新的情人。

尼克被盖茨比的故事感动了，他决定帮助盖茨比。黛西是尼克的远房表妹，尼克在与黛西取得联系后，向她转达了盖茨比的心意。之后不久，黛西就开始与盖茨比约会，并经常有意挑逗盖茨比，而盖茨比也任她摆布。

表面上看起来，盖茨比似乎挽回了这段爱情，重新赢得了黛西的芳心。但实际上，两人的关系早已不似从前那样纯粹。盖茨比这么做只是为了证明自己，为了击败汤姆，击败这个得到了黛西的纨绔子弟。而黛西呢，只是为了从这段暧昧关系中获得一种刺激，这种刺激是她无法从婚姻关系中得到的。

一次，心情非常糟糕的黛西在开车时撞死了汤姆的情妇。黛西害怕承担责任，就向盖茨比寻求帮助，盖茨比决定帮黛西顶下此事。汤姆得知此事后，就挑唆情妇的丈夫向盖茨比复仇，最终盖茨比死在了这个男人的枪口下。盖茨比死后，黛西并没有难过，她与汤姆决定去欧洲旅行。而尼克在目睹了这一切后，决定离开纽约这个冰冷的城市，回到家乡去。

在日常生活中，我们总会不自觉地把自己与他人进行比较，当意识到自己与他人的差距后，就感觉受到了重大打击，变得自卑。反过来，如果通过比较发现自己比别人强，那么就会感觉到快乐，一种优越感油然而生。

"鹪鹩巢于深林，不过一枝；偃鼠饮河，不过满腹。"一个人的欲望从某种程度上来说十分容易被满足，只要填饱肚子、有个安身之所、身体健康，就会觉得很满足。但人的欲望又是无法被填满的，这是因为我们是群居动物。当一个人独处的时候，他的欲望可能很容易被满足；但一个人一旦处于某个群体之中，他就会自然而然地与他人产生比较，于是自尊心就会出现。为了高自尊所带来的满足感，我们会产生许多无法填满的欲望，因为我们需要从与他人的比较中获得一种优越感，得到他人的肯定。

在菲茨杰拉德的小说中，盖茨比在一夜暴富之后，经常在自己的豪华别墅里举办宴会，他这么做只是为了证明自己的能力，从而得到上流社会的认可。许多人都觉得盖茨比的结局非常悲惨，他一心想通过金钱跻身上流社会，但上流社会却从来不把他放在眼里。这就好像盖茨比一直将汤姆视作自己的情敌，但汤姆这种富家子弟根本看不上他。

作为一个逆袭的普通人，盖茨比的故事能让许多人产生共鸣，因此盖茨比的结局才更令人唏嘘不已。当读者把自己代入盖茨比的故事中时，自然会体会到盖茨比那种"低人一等"的痛苦。

如果说，优越感是与他人比较后获得优势而产生的快乐感觉，那么低人一等就是在比较过程中发现自己处于劣势而产生的糟糕感觉。这两种感觉都与自我评价有关。为了维护自己的自尊，我们会通过种种方式来获得优越感，例如盖茨比选择每天在自己的豪华别墅里举行盛大的宴会。

为了显示自己的优越性，人随时都在卖弄和炫耀，只是方式不同。在动物界中，炫耀的行为同样十分常见。有一类蜂鸟，雄鸟的颈部是鲜艳的红色羽毛，身上是发亮的绿色羽毛。对于雄鸟来说，它不仅时时刻刻炫耀着自己漂亮的羽毛，还经常做出一些冒险性的动作，例如一下子飞入高空之中，然后自上而下高速俯冲，这种动作在一小时之内有时会反复进行四五十次。雄鸟之所以做出如此危险的动作，只是为了向雌鸟或竞争对手炫耀自己的实力。

在炫耀的行为上，人，尤其是有钱人，花样就更多了。对于盖茨比这样的暴发户来说，他炫耀的方式十分简单，就是铺张地花钱请客，使人人都能感觉到他在有意炫耀。在炫耀方式的选择上，有的人很招摇，例如"猫王"普雷斯利。1976 年的一天早上，普雷斯利乘坐自己的私人飞机，从田纳西州的孟菲斯飞到科罗拉多州的丹佛，然后再飞回孟菲斯，他这么做的目的只有一个——买一个三明治。

有些人在炫耀时会显得非常特别，会用一种满不在乎的姿态来对待许多人非常看重的贵重之物，比如凯瑟琳·赫本。凯瑟琳·赫本一共斩获过 4 次奥斯卡奖，被提名了 12 次。换作一般的演员，获得奥斯卡奖后通常会将奖杯陈列在住所的显眼处，确保家里来了客人之后，一眼就能看到，从而达到炫耀的目的。但赫本不走寻常路，她炫耀的方式非常特别，却令人印象深刻。赫本将自己获得的一尊奥斯卡金像奖奖杯放在浴室门的下面，用它来抵住浴室的门。她这种满不在乎的炫耀方式似乎是在告诉人们："看，我已经不在乎你们都很重视的东西了！"如果赫本真的不在乎，不想炫耀，那么她完全可以将奖杯放到没有人看到的储藏间里，这样肯定就不会被人看到了。

炫耀是一种让人生厌的行为，因为一个人炫耀的目的是显示自己的优越性，而你的优越性则会衬托出别人的失败，你的高人一等会使别人在你面前显得低人一等。虽然炫耀行为可能会令他人感到不舒服，却是一种健康的行为，这种想要引起他人注意、证明自己的冲动属于人类的天性，是人类在进化过程中被赋予的。

人类在大自然中不具备生存优势，因此人类选择群居，以抵御外界的伤害。在群居生活中，合作是首要的，不然就无法达到群居的目的。在人类上百万年的历史中，大多数时候，人都是在小规模的觅食群体中生存的，也就是我们通常所说的部落。在部落里生活，人们会一起合作，例如打猎、抵御外敌，但同时也会相互竞争。对于每个人来说，部落里人人都是竞争对手，是自己在争夺最佳生活条件、最佳配偶时的竞争对手，因此炫耀和显示出自己的优越性就变得十分重要。

许多动物学家为了观察动物的行为，常常会自己养一些动物，但他们很容易忽视一点，对于群居动物而言，群体会改变它的行为，例如啄咬顺序。当动物以群居的形式生存时，地位的尊卑顺序就会变得十分重要。例如对于鸡这种家禽而言，它们会按照地位尊卑的顺序一个啄一个。比如排名第二的鸡，只有老大能啄它，它不能啄回去，但其他的鸡它都能啄。这种现象被称为"统御优势"，不仅在动物界中很常见，也适用于人类社会。

沙特阿拉伯的法赫德国王，在他的国家就享有统御优势，在全世界各地的沙特亲王的宅邸和游艇中，都永远为他保留着一间最好的套房，这些套房被称为"国王专用卧室"，每天都要耗费许多钱来清洁维护，但是，法赫德国王可能至死也不会住上一次。这充分说明，具有统御优势的人可以享有最优的资源，例如吃、住。

性对于人类社会来说十分重要，因为性意味着繁衍，意味着生命的延续。在选择配偶的问题上，优越性就会显得十分重要。男女在选择配偶的时候，所关注的角度往往有很大区别。总的来说，女性的竞争对手来自后辈，因为大多数男性更喜欢年轻貌美的女性，年轻貌美意味着基因好、生育能力强；男性的竞争对手则常常来自前辈，因为女性需要一个拥有不错的经济条件的男人，来为她抚育下一代创造有利的条件。

如果一个人所处的社会地位较低，当他遇到来自他人权势的压迫时，通常会产生一种愤世嫉俗的心理。就好像盖茨比一样，他对于黛西嫁给汤姆这个纨绔子弟一直愤愤不平，他认为黛西和汤姆之间根本没有爱情，黛西会选择汤姆，只是因为汤姆祖上积财。虽然这种愤恨的心理会让人觉得痛苦、不适，但从进化的角度来说却是一种适应性的表现，因为它会促使一个人努力改变现状，让自己从低位爬上高位。因此盖茨比才会努力赚钱，不惜一切手段努力挤进上流社会。

期待着对手犯错误

在喜剧《欢乐一家亲》中，有一个名叫费瑟·克雷的精神科医生。克雷除了是精神科医生外，还主持一档广播节目。在这档广播节目中，克雷是个举足轻重的存在。之后，电台来了一位健康专家，他是一名医生，名叫克林特。

克林特是个很有魅力的人，长得也非常英俊，他一到电台就吸引了许多人的目光。在克林特的衬托下，克雷成了一个可有可无的人，他非常嫉妒克林特。克雷不想让其他人觉得自己嫉妒克林特，于是准备为克林特举办一个欢迎派对，以显示自己的大度。

很快，欢迎派对就开始了。在派对上，克林特成了大家关注的焦点，这让克雷更加沮丧。就在克雷郁闷不已时，他看到了一个漂亮的中国女人，他决定和对方搭讪，让自己变得快乐起来。克雷会一点儿汉语，虽然说得不流畅，但交流起来没有多大问题。克雷蹩脚的汉语让中国女人觉得很有趣，正当对方准备回应克雷的时候，克林特突然插话，克林特的汉语说得非常流利，于是女人的注意力一下子被克林特吸引走了。克雷在旁边尴尬地站了一会儿后，自觉离开了。

这让克雷更加沮丧，于是他只能找自己的兄弟诉苦，说克林特一定是传说中那种完美的人，他身上毫无缺点。接着，克雷遇到了克林特。克林特是专程向克雷道谢的，他感谢克雷为自己举办欢迎派对，他在派对上玩得很开心。

不一会儿，派对上响起了一首曲子，原来有人正在弹奏钢琴。克林特听到这首曲子后很兴奋，情不自禁地跟着调子哼唱起来。此时的克雷正准备离开，他不想听克林特唱歌，那只能证明克林特更有魅力。但随着克林特唱得越来越投入，声音也越来越大，克雷变得越来越兴奋，因为他终于发现了克林特的缺点，克林特唱歌跑调。

于是，克雷马上回到了克林特的身边。克林特看到克雷回来后，觉得是自己的歌声吵到了克雷，于是向他道歉。克雷表示不用道歉，他很喜欢听克林特唱歌。

后来克林特喝了一点儿酒，变得越来越兴奋，他大声表示自己想高歌一曲。克雷听到后十分高兴，立刻将克林特引到了钢琴边。克雷的鼓励让克林特更加想唱歌了。

在克林特开口之前，克雷兴致勃勃地找到了自己的兄弟，他对兄弟说："我终于找到那个家伙的缺点了，等一会儿你就会被他的歌声震惊。"克雷的兄弟意识到他的企图后对他说："你知道自己唱歌比他好，这就可以了，没必要让克林特当众出丑吧。"克雷给了一个肯定的回答："当然有必要。"

很快，克林特就开口唱了起来。听到克林特那跑调的歌声，人们的第一反应自然是克雷预料中的震惊。渐渐地，人们开始对克林特的歌声感到不耐烦，因为他唱得实在太难听了，而克雷却一直在兴致勃勃地听克林特唱歌。

不论在工作、学习还是生活中，竞争对手是每个人都会遇到的。

在竞争过程中，我们只有一种欲望，就是希望自己能赢。如果竞争对手是个完美的人，我们就会期待对方犯错误，因为只有这样，我们才有机会处于有利地位。拿破仑曾经说过："当你的敌人正在犯错误时，千万不要去打扰他。"

每个人都希望自己是完美的，却希望自己的竞争对手有弱点，因为竞争对手的弱点可以成为自己制胜的法宝。

在特洛伊战争中，有一个作战勇猛的英雄人物，名叫阿喀琉斯。阿喀琉斯虽然强大无比、刀枪不入，但有一个致命的弱点，那就是他的脚后跟。阿喀琉斯是海洋女神和凡人英雄所生的孩子，海洋女神为了把阿喀琉斯培养成一个勇猛的战士，把还是婴儿的阿喀琉斯浸泡在冥河中，由于冥河的水流比较湍急，海洋女神需要拉着儿子的脚后跟防止他被冲走，所以阿喀琉斯的脚后跟没有被冥河泡到，是非常脆弱的。被阿喀琉斯所杀的赫克托尔的保护神是阿波罗，阿波罗知道阿喀琉斯的这个弱点，赫克托尔死后，阿波罗就利用阿喀琉斯的这个弱点杀死了他。

当我们发现竞争对手的弱点或错误时，除了上述这种窃喜心理外，还会产生一丝恻隐之心。人性本恶还是本善，自古以来就是一个争论不休的话题。但通常情况下，我们的感觉是复杂的，人性也是复杂的，这一点在竞争中十分常见。例如两个学习成绩都很好的学生，常年包揽着年级第一名和第二名。在这种竞争关系中，一旦一方失败，那么另一方一定会产生窃喜的心理，但共同的努力也会使双方惺惺相惜，成功的一方同时也会同情失败的一方。

许多人在日常生活中，通常很难遇到你死我活的残酷竞争。在残酷的竞争中，人的自利行为会产生非常大的影响。在这种情况下，一个人做出的决定通常都是利己的。被人们称颂的勇于自我牺牲的品质虽然也会出现，但更多的情况却是人们会考虑当前的处境对自己是否有利。

荷兰莱顿大学心理学家维尔科·凡·迪吉克通过实验发现，一个人之所以会在他人遭遇不幸时产生窃喜、高兴等情绪，与自卑心理密切相关。在这项实验中，被试的性格、自尊心强弱都会在参加实验前接受评估，然后他们会被安排阅读两个故事，故事的主人公都有一个不幸的结局。

实验结果发现，越是自卑的人，在得知主人公遭遇了不幸时，就越容易产生窃喜的心理。对于自卑的人来说，别人的不幸能突出自己的幸运，因此他们会感觉良好。因此，想要克服这种他人遭遇不幸时自己就感到窃喜的心理，就要提高自信心，通过努力学习、工作和创造来获得自我满足和自我肯定。

常常被压抑的嫉妒情绪

莫扎特，欧洲著名古典主义音乐作曲家，是一个天才式的人物，但他英年早逝，去世的时候只有 35 岁。关于莫扎特的死因至今还是个谜，不过在电影《莫扎特传》中，把莫扎特英年早逝的原因与一个名叫萨里埃利的宫廷乐师密切联系起来。

萨里埃利在 1782 年来到维也纳，成为约瑟夫二世的宫廷乐师。当时，莫扎特风头正盛，许多人都被莫扎特的乐曲迷得神魂颠倒。莫扎特出名很早，据说他 4 岁时就开始写协奏曲，7 岁时开始写交响乐，11 岁时开始写大型歌剧。当萨里埃利将自己与莫扎特进行比较时发现，莫扎特是那么才华横溢，而自己是那么平庸。萨里埃利对此深感不公，他也想像莫扎特那样有才华，但显然老天没给他如此优异的天分和能力。

不久，莫扎特准备到维也纳的消息传开了。约瑟夫二世是个十分热爱音乐的人，自然不会放过这次与莫扎特见面的机会。于是约瑟夫二世隆重接待了莫扎特，为了表示欢迎，他还专门为莫扎特弹奏了一首曲子，这首曲子恰恰是萨里埃利谱写的。演奏完毕后，约瑟夫二世向莫扎特讨教有关这首曲子的看法，莫扎特先是赞扬了一番，然后就坐下弹奏这首曲子。弹了几遍后，莫扎特对曲子进行了一番修改，修改后的曲子不仅更加流畅，还传递出一种充满热情的气息。

约瑟夫二世对莫扎特的能力大为赞扬，而萨里埃利则一边惊叹一边感到羞耻。他被一种挫败感打击得沮丧不已，为什么莫扎特这么有才华，而自己却是个平庸之辈？萨里埃利心里对莫扎特嫉妒不已，但表面上却没有表现出来，他不想让别人觉得自己在嫉妒莫扎特。

在一个盛大的化装舞会上，莫扎特再次大放异彩，他当众弹奏了许多著名作曲家的曲子。萨里埃利当时戴着面具，虽然看不到他的表情，但他接下来的举动却暴露了他的嫉妒。萨里埃利喊出了自己的名字，让莫扎特弹奏自己所谱写的曲子。莫扎特立刻开始演奏，但用了十分滑稽的方式，这让在场的所有人都哈哈大笑起来。萨里埃利的心情更糟糕了，他觉得莫扎特是在故意羞辱自己，他决定毁掉莫扎特。于是萨里埃利开始以朋友和支持者的身份出现在莫扎特周围，表面上他是在帮助莫扎特，实际上他一直在给莫扎特制造麻烦。

由于约瑟夫二世的厚爱，莫扎特留在维也纳编写歌剧。在莫扎特编写《费加罗的婚礼》这部歌剧时，萨里埃利从中作梗，建议莫扎特在歌剧中加入一段芭蕾舞。萨里埃利深知约瑟夫二世不喜欢芭蕾舞，他希望约瑟夫二世看了歌剧后会因这段芭蕾舞表演大发雷霆。但意外的是，约瑟夫二世不仅没有生气，反而很喜欢。

在《费加罗的婚礼》正式演出时，约瑟夫二世前去捧场。萨里埃利知道约瑟夫二世是个没耐性的人，很难坚持看完，他决定利用约瑟夫二世的消极反应来让《费加罗的婚礼》再无上演的机会。果然，在歌剧快要结束的时候，约瑟夫二世忍不住打了个哈欠。萨里埃利抓住这一点，让《费加罗的婚礼》在首演后再无叫座的可能，于是莫扎特的经济收入就变少了。萨里埃利发现自己的阴谋得逞后十分高兴。

不久之后，莫扎特再次编写了一部不朽之作——《唐璜》。这部歌剧在当时的反响也不怎么样，当萨里埃利得知后变得更加高兴，而莫扎特的生活也因此开始变得贫困不堪。

莫扎特的妻子康斯坦泽无法忍受贫困生活的折磨，就拿着莫扎特的手稿找萨里埃利帮忙，希望他能帮莫扎特谋求一份皇家音乐教师的职位。萨里埃利看了莫扎特的手稿后，又吃惊又痛苦。他惊叹于莫扎特的音乐才华，手稿上没有一处修改的痕迹，所有音符都是一气呵成。同时他又很痛苦，他抱怨上帝为什么将所有音乐才华都赋予了莫扎特而不是自己。最后，萨里埃利因嫉妒变得扭曲了，他发誓在有生之年一定要想尽办法贬低和折磨莫扎特。

萨里埃利假扮成一个黑衣人，上门向莫扎特购买乐曲，他出的价格很低。莫扎特为了维持生计不得不超负荷工作，他的身体变得越来越虚弱。当萨里埃利发现莫扎特正被病痛和疲劳折磨的时候，他变得十分兴奋，他决定继续向莫扎特施加压力，希望莫扎特尽早死去。萨里埃利又交给了莫扎特一个谱曲的任务，莫扎特在顶着病痛和疲劳的折磨加紧谱曲的时候，身体变得更加虚弱。

莫扎特在编写歌剧《魔笛》的时候，身体已经变得虚弱不堪，精神状态也很差。看到莫扎特这种糟糕的状态，萨里埃利十分高兴。有一次，莫扎特在工作的时候不小心昏倒了，萨里埃利看到这个场景后窃喜不已。最终，萨里埃利将莫扎特送回家中，并且交代给了他新的任务，让莫扎特继续拖着病躯工作。后来当《魔笛》在剧院上演的时候，莫扎特还担任了乐队的指挥。

有一天，莫扎特在进行演出的时候突然昏倒了。从那以后，莫扎特开始卧床养病，但萨里埃利根本不打算放过他，仍然让莫扎特谱写《安魂曲》。萨里埃利希望这首《安魂曲》能在莫扎特的葬礼上演奏。此时的莫扎特已经极度虚弱，甚至连提笔都做不到了。萨里埃利提出了一个建议，莫扎特口述，他执笔。最终曲子谱写完了，莫扎特也去世了。

莫扎特死后，萨里埃利虽然很高兴，但却常常被噩梦困扰，他总感觉莫扎特的冤魂在向自己索命。最终，萨里埃利精神失常，被送进了疯人院。

萨里埃利之所以将满腔的嫉妒化为非得将对方置于死地的仇恨，与莫扎特绝佳的音乐天赋自然是分不开的，但莫扎特无意的羞辱也让萨里埃利变得更加愤怒。在现实生活中，这种受到嫉妒对象羞辱的情况比较少见，但像萨里埃利这样因嫉妒而对对方充满了敌意的情况却很常见。

嫉妒属于一种损人害己的情绪。在嫉妒情绪的影响下，人们往往容易变得极端起来。嫉妒这种情绪带给人的感受通常很痛苦，一个人之所以嫉妒另一个人，是因为对方比自己优秀，这种认知会使他认识到自身的劣势，从而产生挫败感和不满。

在德尔斐神庙上镌刻着上百条神谕，其中一条神谕会让人有醍醐灌顶之感，那条神谕就是"认识你自己"。这简短的几个字，说起来容易，做起来却十分困难。对于大多数人来说，我们最熟悉的人是自己，最陌生的人也是自己。

据说，苏格拉底看到这条神谕时，沉默了很久才激动地说："这才是哲学研究要完成的最高任务！是人生的至理名言！"除了苏格拉底外，希腊哲学第一人泰勒斯和德国著名哲学家尼采也十分赞同这句话。当有人问泰勒斯什么事情最难时，泰勒斯用这句神谕作为回答。在尼采的著作《道德的谱系》中，也对认识自己展开了阐述："我们对于自己总是那样陌生，不明白自己，也搞不懂自己。但我们永远知道，距离自己最远的人就是自己。"在老子所著的《道德经》的第33章中有这样一句话："知人者智，自知者明。胜人者有力，自胜者强。"可见，人贵有自知之明。

古代先贤们之所以强调自知之明的重要性，是因为我们对自身往往无法做到有自知之明。通常情况下，我们会坚信自己比普通人优越，高于中等水平。但问题是，所有人都高于中等水平，这可能吗？例如毕业生在找工作时会在简历上列出自己的毕业排名，而毕业排名通常是排在班级的前10%。当面试官看到这样的简历时，的确会对应聘者感兴趣，但问题是，如果面试者看到的简历都是这样的，好像每个毕业生的毕业排名都在班级的前10%，那样面试官对此还会感兴趣吗？

之所以会出现这种现象，是因为人们通常认为自己更聪明、更善良、相貌更好、道德水平更高、更能胜任自己的工作，这与我们的自我偏见是分不开的。当一个人犯了错误时，他会给自己找许多借口；在面对自己的优势时，他则会牢牢记住。例如诺贝尔生理学或医学奖的获得者班廷、麦克劳德，他们一起合作发现了胰岛素。在这项成就面前，两名生理学家和普通人一样，认为自己的功劳最大，自己在这项成就中的贡献最大。于是班廷公开声称，在这项研究中，麦克劳德虽然是实验室的领导者，但却没有丝毫作用，反而总是给实验研究带来阻碍；麦克劳德在发表和研究有关的演讲时，则直接抹去了班廷的名字。

正因这种自我认知的偏差，人们才会压抑和隐藏自己对优秀者的嫉妒。因为承认自己嫉妒别人，就是承认自己不如别人，这是一种展现自己劣势的表现。

在许多文化中，嫉妒都被认为是一种不良情绪，应该受到谴责。因此如果一个人公开表现出自己的嫉妒，那么就容易受到周围人的鄙视，为了避免遭受鄙视和维护自己在他人眼中的形象，嫉妒就必须被隐藏起来。

嫉妒情绪虽然被压抑和隐藏了，但并未消失。在大多数人身上，嫉妒所带来的破坏力非常有限，人们只是期待嫉妒的对象出丑，在对方发生不幸之事时，因嫉妒而变得开心，而不会多做什么。但还有一些人是不会坐等嫉妒对象发生不幸的，他们会主动给对方制造麻烦，就像萨里埃利故意给莫扎特制造麻烦一样。然而，萨里埃利并不认为自己是在嫉妒之心的驱使下才去找莫扎特的麻烦的，他给自己找了一个冠冕堂皇的理由，认为自己只是在对抗上帝的不公。

每个人都希望自己能被公正对待，也就是希望别人有的优势自己也有。通常情况下，一些优势可以通过自己的努力而得到，但有些优势却是无论怎样努力都无法得到的，例如天赋。萨里埃利嫉妒莫扎特的音乐天赋，并认为上帝在造人时不公正。大多数时候，像天赋、外貌之类的先天优势，并不如家境等后天优势那样招致他人的嫉妒，它们更容易招来羡慕，可是这并不能阻止嫉妒情绪的产生，因为在有些极端者看来，优秀就是一种"罪"。

虽然嫉妒会令自己痛苦，还可能会给他人带来麻烦，但嫉妒在竞争中却是必不可少的。嫉妒会使一个人对自身劣势感到焦虑，从而促使自己做出改变并积极培养优势。

维护自尊与主观幸福感

　　奥地利著名心理学家阿尔弗雷德·阿德勒是个从小被自卑笼罩的人。阿德勒出生于维也纳一个中产阶级犹太人家庭，在家里的 6 个孩子中，阿德勒排行第二，他有一个十分优秀的哥哥，他的哥哥是个典型的模范儿童，阿德勒从小就生活在哥哥的阴影下。阿德勒的健康状况很差，从小就饱受疾病的折磨。幼年时，阿德勒身患佝偻病，这种病让阿德勒看起来像个残疾人，不能自如地活动。5 岁时，阿德勒差点因肺炎而死，不过阿德勒战胜了病魔，他神奇地痊愈了。从那以后，阿德勒就梦想成为一名医生。

　　在上小学时，阿德勒在班里是个平淡无奇的存在，学习成绩不优异，也不会到处惹麻烦。阿德勒的数学成绩很差，不过在父亲的鼓励下，阿德勒努力学习数学，数学成绩越来越好，并成了班上数学成绩最好的学生。儿童时期的阿德勒与父亲的关系比较亲近，但他的母亲并不看好次子，反而更喜欢处处优秀的长子，因此阿德勒与母亲的关系并不亲近。这导致阿德勒十分反对弗洛伊德提出的俄狄浦斯情结，在弗洛伊德看来，男孩的潜意识里都有弑父娶母的倾向，希望父亲消失，从而拥有母亲；但阿德勒的早年人生经历证明，弗洛伊德的这种观点并不适用于所有人。

长大后，阿德勒进入维也纳大学学习医学。虽然阿德勒最终获得了医学博士学位，但他在学校里的表现并不像弗洛伊德那样令人瞩目，也没有给哪位教授留下深刻的印象。

本来，阿德勒打算做一名眼科医生，但阿德勒在行医的过程中，开始重视自卑对人的身体健康的影响。阿德勒的病人大都是穷人，这些人中有些具有十分突出的体质能力，例如杂技演员。通过对这些人的了解，阿德勒发现他们与自己有着十分相似的童年经历，从小身体不好或者身患疾病。但早年的患病并未阻止他们成为优秀的杂技演员，这些人与阿德勒一样，长大后都克服了自身的不足。这个发现成为阿德勒转投精神病学的动力之一，后来他开始追随精神分析流派的创始人弗洛伊德。

在弗洛伊德的追随者中，有些人选择坚决维护他提出的理论，但有些人却与他产生了分歧，甚至是决裂。提起决裂，许多人都会想到弗洛伊德与荣格的决裂。弗洛伊德曾十分看重荣格，但后来两人因在理论上意见不统一，最后，双方决裂了。这种决裂不论是对弗洛伊德还是对荣格，都是一种痛苦，双方都很看重对方。但当弗洛伊德与阿德勒决裂的时候，他就显得果断多了，他直接将阿德勒视为"叛徒"。

当时，弗洛伊德和阿德勒同属一个重要精神分析刊物的主编。两人的关系恶化之后，弗洛伊德公开表示如果阿德勒继续在编辑部任职，那么自己就会离开。后来阿德勒选择了辞职，从那以后两人的关系就彻底决裂了。

之后，阿德勒所提出的理论开始重视亲子关系和社会经验，对弗洛伊德所提出的有关儿童性欲的那套理论完全摈弃了。在阿德勒所提出的心理学理论中，"超越自卑"最广为人知，阿德勒的著作《自卑与超越》就是专门论述这个理论的。在阿德勒看来，生而为人就必须得体会自卑和无助，在自卑情结的驱使下，人们会努力弥补自身的不足，从而朝着完美的目标奋进。

阿德勒所提出的超越自卑的理论与他的早年经历密切相关。在一个人成长的过程中，他会不自觉地与同龄人进行比较，通常情况下，与自己年纪相近的兄弟姐妹会成为自己第一个进行比较的对象。在阿德勒的幼年生活中，他的哥哥一定是他比较的对象。但不幸的是，阿德勒的哥哥太优秀了，哥哥的优秀将阿德勒衬托得更加自卑。总之，一个人如果拥有一个特别优秀的兄弟或姐妹，那么他的自尊一定会受到严重的伤害。

自尊常常与人的主观幸福感密切相关，因此当我们与他人进行比较时，我们都会倾向于进行向下比较，因为在和不如自己的人进行比较的时候，我们才会获得高自尊，而高自尊会使我们变得快乐和乐观。如果一个人总是和比自己优秀的人比较，那一定是在给自己找不痛快，就好像阿德勒的童年时期一样，让自己活在优秀者的阴影中，一直被自卑折磨着。

对于人这种群居动物而言，人际关系十分重要。在远古时代，一个人如果脱离部落，那么他面临的命运就是死亡。在现代社会，从物质层面上来说，一个人完全可以脱离他人而生存下去；但在长期的进化过程中，人际关系俨然已成为我们必不可少的心理需求。因此对于现代人来说，一个人即使能做到独自生存，通常也不会选择独处，因为孤独的感觉很痛苦。

而在人际交往中，自尊就变得尤为重要，自尊会起到一种警示的作用。虽然自尊是一个人对自己的认知和评价，但它却是建立在他人对我们的期望的基础上的。当一个人的行为被周围人接受和赞扬时，他的自尊心就会得到满足；相反，如果一个人被周围人拒绝或看不起，那么他的自尊心就会受到打击。例如阿德勒从小就不是一个受欢迎的孩子，他身体不好，学习成绩也很一般，所以他幼时是自卑的。在自尊心受到打击的时候，人会觉得很痛苦，为了摆脱这种痛苦的感受，就只能努力改变自己，让自己变得更加优秀，让自己被周围的人接受。

低自尊固然会让人痛苦，但这并不表示极高的自尊就是好的。与低自尊一样，过高的自尊同样属于不适应社会生活的表现。因为极高的自尊往往意味着唯我独尊，容不得与自己相左的意见的存在。就好像弗洛伊德一样，与他意见相左的人会被他驱逐出精神分析流派，他甚至还将阿德勒称为"叛徒"，在他创建的精神分析流派里只有坚定的支持者。

一个人的自尊如果过高，那么当他的自尊心受到他人威胁的时候，他就会采取打压别人的方式，甚至会表现出攻击性。他在遭遇挫折时会变得尤为愤怒，无法接受挫折。在人际交往中，自尊心过高的人容易被周围的人讨厌和拒绝，因为他们有着膨胀的自我，喜欢随便打断别人的谈话，甚至对别人评头论足。

过高的自尊还很容易导致一个人无法客观地认识自己，从而将自己遇到的各种问题的责任都推卸到别人身上，认为根本不是自己的错。虽然这种逃避现实的方式能让他保护自己的自尊心，但这种过高的自尊实则随时面临着威胁和压力，使他很容易产生各种心理问题，比如过度焦虑。

以牙还牙的报复冲动

1815 年 2 月底，法老号远洋货船的老船长在运货期间病死在途中，他临死前任命一个名叫爱德蒙·唐泰斯的人为代理船长，并委托唐泰斯将船开到一座小岛上，这座小岛上囚禁着大名鼎鼎的拿破仑。唐泰斯按照老船长的吩咐与拿破仑见面，拿破仑交给唐泰斯一封密信，交代他一定要将这封信交给自己在巴黎的亲信。

这艘货船最终回到了马赛港。回国后不久，唐泰斯就和女友梅尔塞苔丝商量着准备结婚，两人已经相爱多年，不过他还要带着梅尔塞苔丝一起去趟巴黎，完成拿破仑的委托。但让唐泰斯万万没想到的是，一场阴谋正在酝酿之中，他的命运也将会因这场阴谋而发生巨变。

5 月，在唐泰斯与梅尔塞苔丝的婚礼上，他被逮捕了，罪名是——他是一名极度危险的政治犯。唐泰斯当然是被冤枉的，筹划这场阴谋的有两个人，一个是一心想要取代唐泰斯船长地位的货船押运员唐格拉尔，另一个则是唐泰斯的情敌，爱慕梅尔塞苔丝多年的费尔南。两人将一封控告唐泰斯的密信送到了当局的手中。

德·维尔福是审理唐泰斯案件的代理检察官，当他发现拿破仑所送密信的收信人是自己的父亲时，担心此信会给自己的前途带来阻碍，就顺势将唐泰斯送进了伊夫堡监狱。

起初唐泰斯坚信自己的冤屈总会被检察官发现，那个时候他就会被宣判无罪，就能离开监狱回到未婚妻的身边。但随着时间的推移，唐泰斯慢慢失去了希望，他开始变得绝望起来，甚至有了自杀的念头。

一天晚上，唐泰斯听到了一些怪异的声音，好像是有人在挖掘着什么。不一会儿，一个人出现在了唐泰斯的牢房里。这个人是法里亚神甫，就被关在唐泰斯旁边的牢房里，他一心想通过挖掘地道的方式逃出监狱，但因计算错误，将地道的出口开在了唐泰斯的牢房里。

接下来，唐泰斯与老神甫成了朋友。老神甫在了解了唐泰斯的遭遇后，帮他进行了分析。在老神甫的引导下，唐泰斯终于知道陷害自己的仇人是谁了，他开始有了活下去的希望，即复仇。

在与老神甫的相处中，唐泰斯学到了许多知识，还从老神甫那里得知了一个秘密，即一个名叫基督山的小岛上埋藏着一笔巨大的财富。

老神甫去世后，唐泰斯决定逃出监狱。唐泰斯利用老神甫之前挖出的地道，进入老神甫的牢房并钻进准备运送老神甫尸体的麻袋中。最终，唐泰斯被狱卒当成尸体扔到了大海中。唐泰斯用准备好的小刀将麻袋割破，然后游到了一座小岛上，之后被一艘走私船救走。

后来，唐泰斯在基督山岛上发现了埋藏的宝藏。唐泰斯一下子成了富翁，他决定用这笔钱复仇，化名为基督山伯爵。此时，唐泰斯的三个仇人都已飞黄腾达，唐格拉尔成了银行家，费尔南成了莫尔塞夫伯爵，维尔福成了巴黎法院的检察官。

除了复仇外，唐泰斯还决定报恩。他报恩的对象是一个叫莫雷尔的人，莫雷尔忠厚善良，在唐泰斯落难之际曾为他四处奔波，还帮助唐泰斯照顾年迈的父亲。不过此时的莫雷尔处境很惨，他破产了，绝望之际甚至想一死了之。唐泰斯帮莫雷尔还清了债务，还送给他女儿一笔丰厚的嫁妆，并送给莫雷尔一艘新的法老号。

唐泰斯在调查费尔南的时候，发现这个人曾为了一己私利出卖和杀害了阿里总督，并将总督的妻子、女儿作为战利品贩卖。唐泰斯收养了总督的女儿海黛，在听证会上海黛作为重要证人出席，最终审查委员会判定费尔南犯了叛逆罪和暴行迫害罪，这使得他名誉扫地。

费尔南希望儿子阿尔贝能站在自己这边与唐泰斯决斗，帮自己一雪前耻，但阿尔贝却和唐泰斯和解并且拒绝继承费尔南的财产。原来，费尔南的妻子梅尔塞苔丝早就认出了唐泰斯，她将所有真相告诉了阿尔贝。最终，费尔南只能自己出面与唐泰斯决斗，决斗时唐泰斯对他说出了自己的真实身份，费尔南的斗志一下子就没了。回到家后，费尔南正好遇到了自己的妻子和儿子，他们决定离开，梅尔塞苔丝要去乡下隐居，阿尔贝决定去参军。此时，费尔南才意识到自己什么都没了，在极度恐惧和绝望之中，费尔南自杀了。

银行家唐格拉尔十分富有，但在唐泰斯的设计下，他损失了一大笔钱。之后唐泰斯伪装成帮助唐格拉尔渡过难关的人，设法让唐格拉尔身败名裂。最后，唐格拉尔不得不窃取济贫机构的 500 万法郎逃往意大利。在途中，唐格拉尔遇到了强盗路易吉·万帕，路易吉是唐泰斯的朋友。为了帮唐泰斯报仇，他先是困住唐格拉尔让他饿得半死，再让他以高价购买食物，最后唐格拉尔为了吃饭将 500 万法郎全部花光了。这时，唐泰斯出现了，他向唐格拉尔公开了自己的身份，并告诉他："虽然我应该让你饿死，但现在我决定饶你一命。"随后，唐泰斯给了唐格拉尔 5 万法郎让他自谋生路。但唐格拉尔却因此事饱受折磨，余生一直活在痛苦中。

唐泰斯的最后一个仇人就是检察官维尔福，如果不是他当初为了一己私利将唐泰斯送进监狱，唐泰斯也不会遭受如此多的苦难。唐泰斯调查发现，维尔福与唐格拉尔的夫人有私情，并且还曾有过一个私生子，但这个私生子早就被维尔福杀害并埋在了自己以前的住所里。之后，唐泰斯将唐格拉尔夫人和维尔福引到这个地方，并说出了两人的秘密。维尔福也因此得知这个基督山伯爵就是自己的仇人唐泰斯，他是来复仇的。

之后，唐泰斯决定利用维尔福的家庭矛盾来报复他。维尔福的现任妻子企图让自己的孩子继承所有财产，于是她从唐泰斯那里得到了一个毒药配方，并用毒药毒死了维尔福的前岳母、老仆人。接下来，她准备向维尔福的前妻之女瓦朗蒂娜下毒，由于瓦朗蒂娜与唐泰斯的恩人之子是恋人关系，她得到了唐泰斯的保护，从而免遭了继母毒手，最后在唐泰斯的安排下去了基督山岛。

与此同时，唐泰斯还找人证明维尔福是个不称职的检察官。当维尔福意识到自己的检察官生涯就要到此终结后，他的心情十分糟糕，他希望从妻子和儿子那里得到安慰，但当他仓皇回到家中后发现，妻子因后悔下毒杀人和儿子一起服毒自杀了。在这种种打击之下，维尔福疯了。

复仇完毕后，唐泰斯终于放下了过去的种种，从此消失在了人们的视线中。

以上就是《基督山伯爵》这部小说的故事。这种复仇的桥段在小说里十分常见，故事模式也往往十分简单，人们通常能轻易猜到大致剧情，但是人们却对这种情节乐此不疲，在看到主角终于完成了复仇后，通常会产生一种十分强烈的喜悦和满足之情。

"善有善报，恶有恶报"是一条十分常见的道德评判标准。一个人如果做了坏事，就像维尔福一样，那么他就要品尝恶果，只有这样人们才会觉得过瘾。当然，如果一个人做了好事，我们会倾向于他得到好报，就像曾经帮助过唐泰斯的莫雷尔。当坏人遭遇不幸的时候，我们会产生一种正义终于得到伸张的大快人心的感受。

在面对这个世界时，我们倾向于相信这个世界是公正的，人人都应该为自己的行为负责。因为如果一个人认为自己生活在一个无序的世界中，那么他就会因不确定性而焦虑不已，所以世界必须秉持着一个公正的运转原则，人们渴望善有善报恶有恶报。

当一个人被他人冒犯的时候，他就会产生攻击性，没有人喜欢被人冒犯。如果一个人曾被另一个人迫害过，就像唐泰斯的遭遇一样，那么他就会产生强烈的复仇冲动，期盼让对方也遭受同样的不幸，好像只有这样他才能放下仇恨，好好生活。这种复仇心理也契合大部分人的"爽点"。

由于坏人应该得到报应的认知，我们会倾向于将复仇变成一种"伸张正义"的行为，因为这样当对方遭遇不幸的时候，我们获得的喜悦感才会更加理直气壮。在小说《基督山伯爵》中，作者大仲马安排的三个反派角色费尔南、唐格拉尔、维尔福，他们不仅做过对不起唐泰斯的事情，还作恶多端害了不少人，正因为如此，唐泰斯的复仇才会更显正义。他的复仇已不单单是为了私仇，更是为世人除去三个害人精，这样一来，读者就更倾向于三个反派要有十分凄惨的下场。

而大仲马也满足了读者，这三个人最后都落得个众叛亲离、生不如死的下场。

当他人伤害我们时，我们就会产生以牙还牙的报复冲动，想要让对方遭受自己曾受到的苦难，只有这样才能使自己因受到伤害而产生的愤慨得到释放。正因为有这样的心理，复仇类的文学作品和电影才会受到大众的喜爱，即便它们所表达的主题是病态的，也会有很多人欣然接受。例如唐泰斯在复仇的过程中也牵连了一些无辜者，维尔福的妻子和儿子都服毒身亡；还有在小说《水浒传》中，武松为了报复蒋门神对自己的迫害，血溅鸳鸯楼，不仅杀死了蒋门神等迫害自己的人，还杀死了许多无辜者。

人们的复仇愿望通常都会十分强烈，尽管在复仇的过程中，人们会丧失许多珍贵的东西，但复仇成功给人带来的快乐和满足感会麻痹人们的心理，让人情愿一条道走到黑。就好像电影《一代宗师》中的宫二一样，她的父亲死在了师兄马三的手上，她执意要为父报仇，即使周围的人都劝她放下仇恨，就连父亲的临终遗言也是"不问恩仇"，但宫二都置之不理，就像她说的："我爹的话，是心疼我，想让我有好日子过，但他的仇不报，我的日子好不了。"只是，复仇的心就像火焰一样，可以焚烧敌人，但也容易伤害自己。很多人被仇恨蒙蔽了双眼，最后也变成了害人的恶人，在后悔之时却已无路可退。

以悲剧为脚本的笑话

在电影《葬礼上的死亡》中，男主角艾伦的父亲突然死亡，等待他的将是一场沉重压抑的葬礼，各地的亲朋好友们纷纷前来参加艾伦父亲的葬礼。但让艾伦万万没有想到的是，这场沉重压抑的葬礼最后却成了一场令人捧腹大笑的闹剧。在葬礼上，一个个让人意想不到的问题接踵而来，闹出了许多笑话。

按照葬礼的一般流程，艾伦需要在家门口等待殡仪馆人员的到来，他们会将父亲的棺木抬到家中。棺木被放好后，艾伦怀着十分悲伤的心情打开父亲的棺木，准备看父亲最后一眼，没想到棺材里躺着的人给艾伦带来了巨大的惊吓，那是一个白种人，而艾伦是黑种人。显然殡仪馆人员出错了，棺材里的那具尸体并不是艾伦父亲。殡仪馆人员一看，立刻认识到自己送错了，于是赶紧将棺木抬走了。

费了一番工夫后，艾伦父亲的棺木终于被换了回来，亲朋好友也到齐了。就在艾伦以为葬礼步入正轨，开始念准备好的悼词时，一个人突然冲了进来，并将艾伦父亲的棺木撞翻了，遗体从棺木中掉了出来。这个人是艾伦堂姐的未婚夫奥斯汀，他之所以会做出这种冒失的举动，是因为不小心误食了迷幻药。实际上，奥斯汀特别希望能利用这次葬礼给大家留下一个好印象，但显然他搞砸了。

看到丈夫的遗体被撞出棺木，艾伦的母亲立刻崩溃了，她大叫着离开了现场，亲朋好友们也都乱作一团。就在这时，一个侏儒男出现在艾伦的面前，他说自己掌握着一个关于死者的秘密，这个秘密会让死者身败名裂，他还威胁说要将这个秘密公之于众，于是艾伦只能将侏儒男请到一个没有人的房间里与他和谈。

侏儒男的惊天秘密就是他是死者的男朋友，死者也就是艾伦的父亲生前是个同性恋，而且侏儒男的手中还有艾伦父亲的裸照。他威胁艾伦如果不给他一笔封口费，他就让这些裸照公之于众。艾伦不想给侏儒男钱，也不想让父亲的丑事暴露，于是决定将侏儒男绑起来，等葬礼结束后再说。就在艾伦费力解决父亲的风流韵事的时候，堂姐夫奥斯汀在兴奋之下，正通身赤裸着在屋顶上晒太阳。艾伦还有一个叔叔，他的腿脚不便，日常生活都需要他人的帮助，而他此时已经被遗忘在马桶上很长时间了。

在这一系列的意外和闹剧中，艾伦与轻浮、爱吹牛的作家哥哥莱恩终于和好，最后在兄弟二人的努力下，父亲的葬礼终于举行完毕。艾伦在发表悼词的时候对在座的亲朋好友说，无论他父亲的性取向如何，他都是一个值得大家尊重的好人。

在历史上，幽默一直被人们所诟病。例如在柏拉图的《理想国》中，就将幽默看作是非法行为，因为它会使人的注意力从重要事件中分神。在古希腊人看来，幽默和笑都意味着不自律，是非常危险的。

幽默之所以不被柏拉图看好，是因为幽默具有颠覆性。在我们所听到的许多笑话中，幽默的作用就是以轻松甚至是挑逗的方式来处理严肃的话题。就像电影《葬礼上的死亡》一样，葬礼和死亡明明是一件严肃的事情，但幽默却可以让葬礼变成一场闹剧，让本该压抑的场景变成一场令人忍俊不禁的喜剧。

在电影《微不足道》中，主人公查理是个失业在家的男人，之前他因记忆力衰退而辞掉了老师的工作，而他写的书也一直没能出版。后来查理找了一份接线员的工作，并认识了一个名叫加斯的人。

有一天，加斯无意间看到了一个牧师的上网记录，他发现该牧师每天晚上都会浏览黄色网站。加斯认为牧师一定不希望自己的这个癖好被曝光，于是决定向牧师勒索一笔钱。为了伪造不在场证明，加斯鼓励查理入伙，和自己一起勒索牧师。查理知道这样做不对，他拒绝了加斯，但加斯欺骗他自己这样做是为了给重病的女儿筹集手术费，并且说牧师德行不端，他们也算替天行道。再三劝说下，查理终于答应了。

就在查理和加斯商量勒索计划的时候，一个年轻女子突然跳了出来，并和加斯十分热络的样子，该女子是加斯的一夜情女友朱茜。朱茜一直在偷听查理和加斯的勒索计划，她也想加入其中，捞一笔钱。于是三个人组成了一个"犯罪小团伙"。

朱茜认为查理和加斯都在通信公司工作，如果由他们出面给牧师打电话进行勒索，那么一定会引起怀疑。朱茜认为自己是最合适的打电话人选，于是三个人一起到公共电话亭，并由朱茜给牧师打了一个电话。

打电话的时候，朱茜突然改了主意，向牧师敲诈 20 万美金，他们之前商量的是 10 万美金。朱茜的狮子大开口让查理和加斯十分吃惊和担心，他们知道牧师的收入并不是特别高，如果牧师拒绝了，那么他们的计划就没法继续进行下去了，谁知牧师居然答应了。

按照原定计划，加斯去牧师家中取钱，查理则要到酒吧里到处散布消息，说他和加斯正想开车出去玩，但汽车突然没油了，所以加斯去加油站加油了。这样可以帮助加斯做不在场证明。计划约定加斯拿到钱后，会把钱放到火车站的储物柜里，然后他会立刻回到酒吧，逢人就说自己这次去加油站加油的事。查理在听了加斯的计划后还提出了一个问题，说你没有真的去过加油站，如果警察在调查的时候去问加油站的老板那不就露馅了吗？加斯回答说，你别担心，加油站的老板是个盲人。

三人虽然制订了一份详细的计划，但现实情况却总在和他们开玩笑。他们简直倒霉透了，接下来发生的事情完全超出了他们的预料。本来，这三个人只是想敲诈牧师一笔，但没想到一起简单的敲诈案竟然变成了一连串的杀人案。

加斯来到牧师家中并未顺利拿到钱，反而被人用枪指住了脑袋。而查理在酒吧散布消息时发现，加油站的盲人老板并未上班，而是在酒吧里庆祝生日。查理受到了惊吓，仓皇离开了酒吧去找加斯。但查理并没有在牧师家中发现加斯，反而看到一个人躺在地上。他以为这个人是被加斯杀死的牧师，为了毁尸灭迹，查理将此人扔到了粪池中。后来查理回到牧师家并与加斯相遇，加斯告诉查理，他不仅没拿到钱，反而被牧师拿枪指着脑袋，于是情急之下用花瓶将牧师砸晕了。查理这时才意识到，被扔进粪池中的牧师当时可能并没有死，他可能误杀了牧师，于是他们立刻开始清理现场。

两人在清理时发现了牧师收藏的一部猎奇影片，这部影片中一个戴着头套的男人残忍地杀害了一个被绑架的女人。查理怀疑这个牧师可能就是最近到处犯案的杀人狂，他很害怕，就想着赶紧离开牧师家。正当查理打开房门时，警察突然出现了，警察告诉他，牧师的尸体在一辆路边的汽车里被发现了，他是被人用枪打死的。这时查理才意识到，被扔进粪池里的那个男人并不是牧师。

警察发现现场的拖拽痕迹后，来到了粪池边，就在警察要求查理打开粪池时，加斯用花瓶砸晕了警察并将他绑了起来。查理意识到事态越来越严重了，于是准备去自首。

但查理一打开门就被一个女人用枪顶住了脑袋，这个女人是牧师的妻子，她告诉查理、加斯和警察，牧师是被她开枪打死的，她是回来拿钱的，准备和情夫远走高飞。就在牧师的妻子逼问三人将钱藏在了什么地方的时候，朱茜突然出现，并用斧子击中了牧师妻子的脑袋。后来朱茜还找到了牧师藏的非法所得的钱财。

这下警察就成了三个人最大的阻碍，他们正不知如何处理警察时，警察提出要上厕所，于是三个人就让被绑着双手的警察独自去上厕所。警察到了厕所后想要爬窗逃走，结果不小心把自己摔死了。

查理、加斯和朱茜为了处理尸体，决定伪造一起车祸。但在路上他们又遇到了警察，三个人都被带到警察局做笔录。由于没有充分的证据，三人被放了出来。之后三人来到一处化工厂，准备在这里处理尸体，这时一名老警察突然出现了，他想抢走那笔钱，结果被三人制服，他为了保命，指出朱茜是一个有名的连环杀手，她一定会找机会将加斯和查理毒死，从而私吞那笔钱，而且朱茜的口袋里就放着一瓶毒酒。

　　查理和加斯起了疑心，于是逼迫朱茜喝下那瓶酒，结果朱茜根本没事。此时老警察趁乱逃跑了，并带走了那笔钱。加斯找到了老警察却被他一枪打死。之后查理和朱茜也找到了老警察，他们逼那名患有糖尿病的老警察吃了一根棒棒糖，之后没有胰岛素救命的老警察死掉了。随后朱茜暴露了她的真实面目，原来她真的是那名连环杀手，她一直随身带着两瓶酒，她喝的是那瓶没毒的，然后逼查理喝下了那瓶毒酒。

　　在将查理杀害后，朱茜却发现钱早已被查理调包了。没办法，朱茜只能继续寻找下一个目标。她搭上了一辆货车，但她没注意到，这辆货车上有一具女尸，货车司机就是最近到处犯案的杀人狂。两个杀人狂相遇，之后鹿死谁手就未可知了。

　　黑色幽默常常被人们认为是病态的，因为它显现出了人类行为中最坏的一面。黑色幽默是以悲剧为脚本的笑话。在上述电影中，虽然有喜剧的元素，观众也会跟随着戏剧性的变化而大笑。但查理和加斯等人的遭遇却让人唏嘘不已，而这恰恰是黑色幽默的特点。

　　当令人觉得难过或悲伤的事情发生时，每个人都会有不同的反应。大多数人会觉得悲伤、遗憾，甚至是绝望。但有的人会选择用嘲讽的态度去看待悲剧，于是就有了黑色幽默。这种幽默不仅不是病态的，还能使人的消极情绪得以缓解。

　　在一项实验中，实验者找来了30位残障人士，然后让他们看一些和残障有关的笑话。实验者会观察被试的反应，并让他们填写调查问卷，从而更准确地统计出他们的感受。

　　对于残障人士来说，残障是一件让人觉得十分难过的事情，如果有人调侃残障人士，那么他们一定会很生气。但实验结果显示，他们不仅没有生气，反而在观看了许多和残障有关的笑话后，在面对残障这个事实时，显得更轻松了，表现出了较高的活力和自我控制力，对自己的看法也比之前好了很多。这个结果说明，幽默是我们在面对悲剧时使自己快速恢复的方式之一。

研究者还发现，对于失去亲人的人，如果他在一段时间后，能对这件令人悲伤的事情一笑置之，那么他就能尽快从悲伤中恢复，变得更快乐，在处理压力时也更得心应手，有着较强的社会适应能力。还有研究显示，接受乳腺癌手术的女性，如果能以幽默的态度去面对癌症这个事实，那么她们在术后能尽快地恢复，对自己的病情也更加乐观。

第五章

进退两难带来的混乱感——矛盾心理

矛盾让人变得复杂

曹雪芹在小说《红楼梦》中塑造了多位女性角色，例如"金陵十二钗"，其中就属薛宝钗与林黛玉这两个女性角色给人们留下的印象最为深刻。

提起林黛玉，许多人除了会想起她那"娇袭一身之病"的病美人形象外，还会对她略显尖刻的性格印象颇深。但作为一个艺术形象，林黛玉的性格得到了许多人的喜爱，因为她与薛宝钗比起来显得尤为真实，即使这种真实是一种不成熟的表现。但如果在现实生活中，让我们选择与林黛玉还是与薛宝钗相处的时候，可能很多人都会选择薛宝钗。

有一次，薛姨妈正在和王夫人聊天，正好周瑞家的来了，薛姨妈就交给周瑞家的一匣子宫花。薛姨妈觉得这些宫花白放着可惜了，就让周瑞家的去送给贾府里的姐妹们戴。薛姨妈还特意嘱咐，给三位姑娘迎春、探春、惜春各两支，送给林姑娘两支，送给凤姐儿四支。王夫人推辞说，这些宫花就留着给宝丫头戴吧。薛姨妈说，宝丫头不喜欢这些花儿粉儿的。

周瑞家的先给三位姑娘送了去，然后给凤姐儿送，最后来到了林黛玉这里，结果林黛玉不在自己房里，在贾宝玉那里玩九连环。周瑞家的进来后就对林黛玉说："林姑娘，姨太太让我给你送花儿来了。"贾宝玉一听立刻问是什么花儿，还想看看。说着，贾宝玉就将装着宫花的匣子拿了过来，打开后贾宝玉看到了两支漂亮的宫花，林黛玉看了一眼后问道："这些宫花是只送给我一人的，还是别的姑娘都有呢？"周瑞家的回答说："各位姑娘都有了，这两支是姑娘的。"林黛玉一听就不高兴了，说："我就知道！别人不挑剩下的也不会给我了！"周瑞家的听了，顿时一声不吭，不知所措。

如果是薛宝钗遇到这样的事情，她断然不会生气，即使认为别人看轻了自己，她也不会直接说出来。在大观园里，薛宝钗是个广受好评的人，就如同史湘云对她的评价："谁也挑不出来宝姐姐的短处。"有一次，史湘云甚至说："这些姐妹们，再没有一个比宝姐姐好的，可惜我们不是一个娘养的——我但凡有这样一个亲姐姐，就是没了父母，也是没妨碍的。"

在荣国府这样一个人物关系十分复杂的大环境中，薛宝钗不仅得到了许多长辈、姐妹的喜爱，就连下人都很喜欢她，毕竟薛宝钗平时为人十分宽容大度，总能体谅别人的难处，会为他人着想，在他们需要帮助时伸出援助之手。就连骂人绝不重样的赵姨娘也说薛宝钗"大度得体"。

而像林黛玉这样"十分真实"的人，或许只在书里或影视剧中才会受到如此多的人的喜爱，如果放到现实生活中，她一定没有薛宝钗那么受欢迎。在许多场合里，林黛玉总会直言不讳地表达自己的感受，例如不满周瑞家的最后一个给自己送宫花，就直接酸溜溜地怼周瑞家的。她根本不在乎自己的言行或许会使对方难堪或不满。相反，薛宝钗就会注意到这一点。那么，为什么贾宝玉喜欢林黛玉而不是薛宝钗呢？这是因为贾宝玉与林黛玉性情相投，他们都是有些理想主义的人。

一次，贾元春命人从宫里给家里人送了一些端午节的礼物，她有意将贾宝玉和薛宝钗配成一对，于是就送了两人一样的礼物。这件事情让本来就忌惮"金玉良缘"之说的林黛玉倍加伤心，当然贾宝玉也承担了不小的压力。

不久，一个道士来给贾宝玉卜算姻缘，暗示了"金玉良缘"，即贾宝玉与薛宝钗是天生一对，这让贾宝玉很不高兴。带着这种糟糕的心情，贾宝玉去看望因生病吃不下饭的林黛玉。

结果两人话不投机吵了起来，林黛玉知道自己说错话惹贾宝玉伤心，却不承认错误，还说贾宝玉发火是因为自己阻断了他的金玉良缘。林黛玉的这番话不仅让贾宝玉更加伤心，而且使他犯了"痴病"，开始拿自己的通灵宝玉撒气。贾宝玉赌气似的将脖子上的通灵宝玉抓下，然后用力扔到地上。谁知那玉坚硬无比，根本摔不碎。贾宝玉只能找东西来砸。

林黛玉看到这番情景又惊又怕，立刻哭了起来，还说："何苦来，你摔砸那哑巴物件。有砸他的，不如来砸我。"这句话对于贾宝玉来说无异于火上浇油。当然，林黛玉的本意是希望贾宝玉能就此打住。

紫鹃、雪雁听到动静后立刻赶过来，当她们看到贾宝玉在砸玉后，意识到事态很严重，立刻派人去请袭人。袭人赶来后，终于将贾宝玉劝住了。

贾宝玉的玉被袭人夺走后，他冷笑道："我砸我的东西，与你们什么相干！"袭人看贾宝玉的脸色很难看，就安慰道："你与妹妹吵架拌嘴，犯不着砸玉。一旦将玉砸坏了，叫林姑娘的心里怎么过得去？"袭人的这番话正说到林黛玉的心坎上来了，她立刻觉得贾宝玉还没袭人知心，忍不住伤心地大哭起来。

林黛玉哭得厉害，不小心将刚吃下不久的汤药给吐了出来，紫鹃见状立刻用手帕去接，然后劝慰道："虽然生气，姑娘也该保重自己的身子，才吃了药好些，这会却因和宝二爷拌嘴，又吐了出来，如果因此犯病，那宝二爷的心里怎么过得去呢？"紫鹃的这番话正好说到了贾宝玉的心坎上，他忽然觉得林黛玉还不如紫鹃了解自己，可是他看到林黛玉现在的样子很可怜，又立刻心软了，忍不住哭了起来。

人的行为之所以常常显得复杂，就是因为人的矛盾性，即一个人可以做出违背自己真实想法和感受的行为来。就像贾宝玉和林黛玉一样，他们明明很关心对方、在意对方，希望对方能待在自己身边，并且也会好好对待对方，但他们却总是发生争执，说一些与自己内心感受相反的话来故意惹对方生气。这样的相处方式很容易产生误会。

人的矛盾性还有一种表现，即一个人会同时有两种相反的心理。例如在林黛玉与贾宝玉的恋爱关系中，他们明明深爱着对方，却会因为一些事情而拒绝甚至讨厌对方。当袭人和紫鹃劝解两人的时候，分别说出了两人的真实感受，他们就产生了一种讨厌对方不了解自己的心理。

当然通常情况下，人的矛盾心理不会表现得那么明显，只有当一个人遇到一些问题，尤其是一些无法解决的难题时，他的矛盾心理才会变得十分强烈和突出。当林黛玉惹得贾宝玉不高兴时，她开始变得进退两难起来，她不想让贾宝玉生气，但又不想道歉，自己心里也不好受，便嘴硬讽刺贾宝玉，说贾宝玉是朝自己撒气，因为她阻碍了贾宝玉的金玉良缘。林黛玉的这种做法会使贾宝玉产生疑惑，不知道自己在林黛玉的心里到底有多少分量，从而饱受折磨，于是贾宝玉就开始摔玉，折腾自己了，林黛玉便更加进退两难了。

什么样的人最容易逆反

在意大利维罗纳城有两大家族——凯普莱特和蒙太古。不知从什么时候起，这两大家族之间结下了血海深仇，经常发生械斗流血死亡事件，两个家族之间的仇恨也越结越深。

罗密欧是蒙太古家族中的一个 17 岁的青年，他虽然是个很受人欢迎的小伙子，但他的心上人罗瑟琳却一直不肯接受他。在莎士比亚所著的《罗密欧与朱丽叶》中，罗瑟琳是一个被读者忽视的人物，她是罗密欧的初恋，是曾让罗密欧魂牵梦萦的女子，罗密欧曾这样形容罗瑟琳："她有狄安娜女神的圣洁，不会让爱情的软弱损害她坚不可破的贞操。"原来，罗瑟琳是个准备为上帝奉献终身的修女。不论罗密欧如何热烈地追求罗瑟琳，罗瑟琳都无动于衷。

在恋爱关系中，一个人之所以会长时间地追求另一个人，与对方给他的积极回应是分不开的。如果对方的反应一直是冷冰冰的，好像是捂不热的石头一样，那么追求者很快就会放弃。事实证明，罗密欧在遇到朱丽叶后很快就放弃了罗瑟琳。

当时罗密欧听说罗瑟琳会去参加凯普莱特家的宴会，于是他决定潜入宴会现场，近距离地接触自己的梦中情人。由于凯普莱特家族是自家的死对头，罗密欧若直接进入肯定不受欢迎，于是他就和自己的朋友戴上面具混了进去。

朱丽叶是凯普莱特家的独生女儿，同时也是这场宴会的主角，13岁的朱丽叶已出落得十分漂亮，一下子就吸引了罗密欧的注意。看到朱丽叶后，罗密欧立刻忘记了罗瑟琳，上前主动向朱丽叶表达自己的爱慕之情。与冷冰冰的罗瑟琳不同，朱丽叶回应了罗密欧，表现出对罗密欧的好感。当时，双方都不知道对方的身份。后来，罗密欧虽然知道了朱丽叶是自己仇人家的女儿，但还是抑制不了对朱丽叶的爱慕，就趁着夜色翻进了凯普莱特家的果园，与朱丽叶偷偷约会。

第二天一早，劳伦斯神父就被罗密欧吵醒了。罗密欧告诉劳伦斯神父，他昨晚一夜都没睡，他一整晚都沉浸在爱情的甜蜜中。劳伦斯神父以为是罗瑟琳接受了罗密欧的追求，但罗密欧却告诉劳伦斯神父，他早就忘记罗瑟琳这个人了，他爱上了仇人家的女儿朱丽叶，他此次前来的目的，就是希望劳伦斯神父能帮助他们主持神圣的婚礼。劳伦斯神父在提醒罗密欧"凡事要三思而后行"后，答应了罗密欧的请求，他认为这会成为化解两个家族仇恨的机会。在朱丽叶奶娘的帮助下，朱丽叶成功从家里跑了出来，并在劳伦斯神父的主持下与罗密欧结成了夫妻。

这天中午，罗密欧与朱丽叶的堂兄提伯尔特在街上相遇了。提伯尔特看到罗密欧后提出了与他决斗的要求，罗密欧刚刚与朱丽叶结婚，不想与凯普莱特家族的人为敌，表示自己不愿意决斗。罗密欧的朋友知道后，觉得罗密欧太懦弱，决定代替罗密欧接受提伯尔特的决斗邀请。

决斗的结果是，罗密欧的朋友被提伯尔特杀害。罗密欧得知朋友死亡的消息后十分生气，提着剑去找提伯尔特报仇，最终提伯尔特死在了罗密欧的剑下。

此事发生后，经过多方协商，城市的统治者决定以驱逐之刑惩罚罗密欧，罗密欧必须得离开这座城市，只要被人发现他没有离开或者回来了，那么等待他的就只有死刑。这个结果对于罗密欧来说无异于晴天霹雳，他刚刚与朱丽叶结婚，刚刚品尝到爱情的甜蜜，如何舍得离开朱丽叶。朱丽叶得知这个消息后十分伤心，她也不舍得罗密欧离开。但最后罗密欧还是接受了劳伦斯神父的建议，暂时离开以躲避风头。不过在离开之前，罗密欧得先去与爱人告别。在朱丽叶的卧室里，罗密欧与朱丽叶度过了新婚之夜。

第二天天一亮，罗密欧就偷偷离开了，他不得不开始自己的流放生活。没多久，朱丽叶的仰慕者之一——出身高贵的帕里斯伯爵前来求婚。朱丽叶的父亲对帕里斯十分满意，不顾朱丽叶的反对，让朱丽叶下星期四就与帕里斯结婚。在父亲的施压下，朱丽叶开始采取行动，她只爱罗密欧，是绝对不可能嫁给帕里斯的，于是她去找劳伦斯神父帮忙。

劳伦斯神父想出了一个计策，他给了朱丽叶一种药，让朱丽叶在成婚的前一天服下。这是一种能让人进入假死状态的药，只要药效开始发挥作用，服用者就会像死人一样失去生息，但在一段时间后，药效就会自动消失，服用者就会苏醒过来。只要朱丽叶假死，她就会被安葬在家族的墓穴中，到时候罗密欧会去接她，这样两个人就可以远走高飞，永远在一起了。

在婚礼的头天晚上，朱丽叶按照原定计划服下药物。第二天，朱丽叶被发现"自尽"于自己的卧室中，于是婚礼变成了葬礼。就在朱丽叶陷入假死状态中时，出了一个意外，劳伦斯神父派去的送信人并未将信件及时送到罗密欧的手中。罗密欧并不知道朱丽叶是服药假死，以为她真的自杀了。

半夜时分，罗密欧偷偷来到朱丽叶的墓穴旁，他本想和爱人见上最后一面，但谁知帕里斯守在了这里。罗密欧杀死帕里斯后打开了朱丽叶的棺材，他吻了吻朱丽叶，之后就拿出随身带来的毒药服下了。这时，劳伦斯神父才慌忙赶到，不过为时已晚。朱丽叶醒来后发现罗密欧已死在了自己的身旁，她十分伤心，遂用罗密欧的佩剑自杀。

后来，罗密欧和朱丽叶各自的父母从劳伦斯神父那里了解了事情的原委，他们开始后悔，觉得是两家的仇恨杀死了这对年轻的恋人。从此之后，两家决定消除过往的仇恨，并在城中为罗密欧、朱丽叶各铸了一座金像以作纪念。

父母或长辈在得知儿女谈恋爱后，一旦不满意，就容易在冲动之下做出棒打鸳鸯的事情来。但他们这种干涉儿女感情的行为却会让年轻人之间的爱情更加深厚，他们会将父母的反对看成是阻碍自己爱情发展的外在力量，进而产生逆反心理，而这种逆反心理反而有助于双方之间恋爱关系的加强。就像朱丽叶这个从小养尊处优的富家小姐一样，在父亲的逼婚下，她反而对自己与罗密欧之间的感情越来越坚定。这种爱情现象也被称为"罗密欧与朱丽叶效应"。

美国社会心理学家布莱姆曾做过一项实验来揭示人们的逆反心理。在实验中，被试需要在不同的情境下在 A 和 B 之间做出选择。在低压的情境下，会有一个人告诉被试"我们的选择是 A"；在高压的情境下，会有一个人告诉被试"我认为我们两个都应该选择 A"。那么，被试倾向于选择 A 还是 B 呢？

实验结果显示，在低压情境下，被试选择 A 的比例是 70%；在高压情境下，被试选择 A 的比例是 40%。这个结果表明，一个人对所选择对象的喜欢程度，在一定程度上取决于他所面临的情境。如果是自愿的，那么人们就会增加对所选择对象的喜爱之情；相反，如果是被迫的，这种喜爱之情就会降低。

在恋爱关系中，如果双方在外力的影响下被迫做出一个决定，那么他们就会产生很强的逆反心理，心理上会抗拒做出这个决定，从而促使他们做出与之相反的决定，并且更加喜欢自主决定的事情。例如在罗密欧与朱丽叶的恋爱关系中，他们遭到了父母的极力反对，他们本该是仇人，是不能相爱的。但是罗密欧与朱丽叶并未中断这段恋爱关系，反而背着父母偷偷结婚，他们的恋爱关系在父母的反对下变得越来越牢固，最后他们甚至以殉情来捍卫这段恋爱关系。

人是一种想象力丰富、大脑发达的生物，由两个世界构成，即内在世界和外在世界。只有当内在世界与外在世界维持平衡的时候，人的心理才是健康的，一旦出现了失衡，就会引发各种各样的心理问题。

如果一个人的行为与之前的自我认知产生了分歧，也就是内外世界失衡了，人就会因认知失调而变得不舒服、不愉快。为了避免认知失调，人们会倾向于从自己的内在世界或外在世界中寻找依托，即改变内在世界或外在世界，使内在世界与外在世界重新恢复平衡。

逆反心理通常是人们向内在世界寻找依托的表现。例如在恋爱关系中，如果一方遭到了父母的反对，那么他恋爱的外在理由就被削弱了，他就会因此处于认知失调的痛苦之中。于是他便转向内在世界寻求认同，进而相信自己的感情和感受，因为他也确实在这段恋爱中获得了一种满足感，他因此越来越坚持这段恋爱关系，认为父母的反对是错误的，通过逆反维持认知的平衡。

此外，自我控制感也十分重要。每个人都希望能独立自主，能够控制自己的生活，而不是成为一个被他人操纵的傀儡。由于这种心理需求，人们倾向于自己做出决定和选择，如果是被迫的，那么就会感觉受到了威胁，从而产生逆反心理，对于被迫选择的事物产生一种排斥心理，对于被迫失去的事物反而更加喜爱。因此逆反心理非常普遍，这也是为什么罗密欧与朱丽叶的爱情故事总能得到许多人的共鸣。

心理学家通过研究发现，人们对于难以得到的东西，往往会更加珍惜，更加看重它的价值。如果一样东西，一个人可以轻而易举地得到，那么即使这样东西再值钱也容易被忽视。相反，如果一样东西，一个人总是求而不得，那么它的吸引力就会翻倍，在这个人心目中的地位也会越来越高。这种心理也是促使罗密欧与朱丽叶效应出现的因素之一。在恋爱关系中，父母的反对会使恋爱关系的顺利发展变得困难起来，于是恋爱双方就会更加看重和珍惜这段感情。

逆反心理不仅会出现在恋爱上，在许多情况下都会出现。例如，如果父母比较强势，总是霸道地安排孩子的一切，那么随着年龄的增长，这个孩子就会产生逆反心理，努力争取来之不易的选择自由权，故意和父母对着干。

脑海中挥之不去的"白熊"

小宇是福州某重点中学高一的学生，他所在学校的管理十分严格，因此父母十分放心让小宇在学校里住宿，平时也只会通过电话了解小宇的情况。最近一个多月，李女士（小宇母亲）发现小宇给家里打电话的次数越来越少，即便打来也是经常还没说几句话就挂断了。每当李女士提到让小宇好好学习的时候，小宇就会大发脾气。以前，小宇从来不会这样。

不久，李女士就接到了小宇班主任的电话。班主任说小宇最近的学习状态非常糟糕，上课老是走神儿，甚至还会趴在课桌上睡觉。而且小宇还迷上了玄幻小说，除了上课时偷看外，还在晚上打着手电筒看。班主任已经劝说了许多次，但都没有效果。

李女士立刻赶到小宇的学校，当面质问小宇。面对母亲的追问，小宇提到了自己之前的一次经历。有一次上电脑课的时候，老师让学生们上网查资料，小宇出于好奇，就趁着老师不注意浏览了色情网站。老师发现后当众批评了小宇。从那以后，小宇就发现同学们对自己的态度变了。有些女同学会背后议论小宇，男同学则经常拿这件事与小宇开玩笑。这段经历让小宇十分羞愧，他觉得自己肮脏下流，根本不配做个好学生。痛苦不已的小宇只能通过阅读玄幻小说来麻痹自己。

当小宇意识到这已经严重影响了自己的学习时，他也想戒掉这个毛病，但他越是告诉自己不要去看玄幻小说，他的脑子里就越会出现玄幻小说中的情节。

这种现象在心理学上被称为"白熊效应"，也被叫作"反弹效应"，即越想忘记的事情，就越容易被记起。提出白熊效应的人是美国哈佛大学的心理学教授丹尼尔·魏格纳，他还进行了相关的心理实验。魏格纳的实验灵感来源于一本杂志上的一篇文章。

魏格纳在看杂志《花花公子》时，看到了一篇文章，文章中提到了陀思妥耶夫斯基在《冬季里的夏日印象》中的一段话："每当我们努力让自己不想北极熊时，我们就好像被施咒了，北极熊会无时无刻不出现在我们的脑海中。"

当时读到这篇文章的魏格纳还只是一名心理系的学生，在他成为哈佛大学的心理学家后，他便开始进行"白熊实验"。被试被魏格纳分成了两组。第一组的被试被要求不要想白熊，除此以外可以想任何事情；第二组的被试被要求要尽可能地去想白熊。魏格纳还交代道，他们只要一想到白熊，就得按铃，这样方便魏格纳记录下所有被试脑海中白熊出现的次数。

实验结果显示，第一组被试想到白熊的次数要远远高于第二组的被试。也就是说，当被试越是禁止自己去想白熊时，白熊在他们脑海中出现的次数就越多，被试就越是无法摆脱对白熊的想象。

后来，魏格纳让两组被试把任务交换一下。原本努力去想白熊的被试需要克制自己不去想白熊，而原本克制自己去想白熊的被试则不需要再压制自己的想法。这次实验再次验证了之前的结果，被试越是克制自己去想白熊，想到白熊的次数就会越多。

魏格纳根据这个实验结果提出了白熊效应，并在《科学》杂志上发表了一篇文章来说明白熊效应。白熊效应在我们的日常生活中可以说随处可见，每当我们想要杜绝某种想法的时候，我们就越容易被这种想法所控制，也就是越压抑，反弹得就越厉害。

白熊效应同时说明，越是被禁忌的事情，就越是充满了诱惑力。例如在中东国家，会有性方面的禁忌，但据一项调查显示，中东国家的人们在浏览网络色情作品上花费的时间远远高于性开放的国家。这是因为，当人们越是对某件事情有所禁忌时，禁忌就越会充斥人们的头脑，禁忌也就越充满了诱惑，人们就越容易去打破禁忌。

当一个人的脑海中浮现出一些不应该出现的画面时，人们通常会选择压制，但越是压制，这种画面就越霸占着大脑不肯离开。于是有些人开始担心自己的内心是罪恶的，会经常为此苦恼，对于自己脑海中为什么会出现这种引起人罪恶感的画面，很难得出一个合理的解释。但可以明确的是，越是抑制自己不要去想这些画面，人的大脑中就越会出现此类场景。

白熊效应之所以会存在，是因为当我们刻意转移注意力的时候，无意识会开始"自主监视"，监视自己是否还在想不应该想的东西，这种思维模式会使我们无法放弃对此类事件的注意。因此，想要杜绝白熊效应的出现，我们就必须遵从思维规律，选择顺其自然，这样才能让人不时时回想、谨记某件事。

想要做到顺其自然，就不要刻意去忘记一些事情，即使该事件是非忘不可的。将自己的注意力放在日常工作和生活中，随着时间的推移，我们自然会渐渐忘记那件事。总之，刻意逼自己忘记只能让自己更牢记，想要忘记就必须顺其自然。

对于一些失恋的人来说，如果你总想忘记恋人，认为这样能帮助自己摆脱痛苦，但越是想忘记，恋人在自己脑海中的样子就会越清晰，内心也就会越痛苦。这种现象其实也是白熊效应。若你想要避免自己被白熊效应所影响，可以从以下几点着手：

1. 调动自己的快乐记忆。研究显示，当一个人在回忆令自己快乐的积极经历时，他就可以暂时忘记痛苦的负面记忆。因此，一个人若想要忘记令自己痛苦的事情，可以通过调动快乐的情绪记忆来摆脱痛苦。当然，所在环境的选择也十分重要，最好是在一个轻松快乐的环境中，这样可以使快乐的记忆更快地被调动起来，从而对我们的内心产生积极的影响。在快乐记忆的积极暗示下，我们会用积极的思维去考虑问题，从而改变自己对事物和他人的看法。当认知发生改变时，周围的一切也会随之发生改变。

2. 停止理性思考，让自己去体会此刻的平静。想要忘记一些事情，不要去思考如何忘记或阻止自己想起，而是应该让自己学会用积极的态度去接受。如果你意识到自己正沉浸在痛苦的记忆中，那么不要用理智去分析这段记忆，更不要去追究其原因，而是应该积极接受，这样你就会渐渐变得平静起来，痛苦的记忆会自然而然地消失。

3. 对消极情绪保持开放性。消极情绪会带给人痛苦，因此人们对消极情绪总是采取一种逃避的态度。其实，对消极情绪保持开放性的态度，更有利于人从消极情绪中走出来。当一个人意识到自己处于消极情绪中时，他就会开始审视消极情绪，进而让自己保持清醒。

人们总想着用理性控制自己的情绪，但事实证明这很难做到。因此当情绪出现时，不论它是积极的还是消极的，都顺其自然，不要抗拒，这样才能让自己尽快恢复平静。人只有在平静的状态下，才能冷静思考解决问题的方案。当然想要做到这一点，需要反复训练，不然你就很难在情绪出现的时候尽快恢复平静，也就很难抵制白熊效应。

故意和人对着干

"杠精"是一个网络流行语，具体是指那些总喜欢与别人抬杠，在人们面前刷足存在感，好像打压了别人的观点，就能从中获得优越感的一群人。武侠小说《天龙八部》中的包不同就是一个"杠精"。

包不同是姑苏慕容家的家臣，与邓百川、风波恶、公冶乾一同跟随慕容氏，十分忠心，也被人们称为"包三先生"。包不同在《天龙八部》中的戏份虽然不多，但台词却很多，他平生最大的爱好就是与人抬杠，绝不认错，绝不道歉，即使意识到自己说错了，也要嘴硬到底。包不同长了一张见缝插针的嘴，他不仅喜欢说话，还要说赢别人，可谓"得理不饶人，没理搅三分"。包不同的口头禅就是"非也，非也"。正是这种爱与人抬杠、处处揭人短处的性格，给包不同带来了不少麻烦，最后直接导致他因说话不当死在了慕容复的手上。

包不同第一次出场是在杏子林中，他直接与丐帮帮主乔峰杠上了。包不同看到乔峰后说了这样一句话："这位是丐帮的乔帮主吗？兄弟包不同，你一定听说过我了。"包不同上来就直接与乔峰称兄道弟，其实以乔峰的威名，包不同是不够资格与他称兄道弟的，毕竟江湖上流传着"北乔峰，南慕容"，却不见包不同与他们齐名。

乔峰没有在意这些，接话道："原来是包三先生，久仰英名，今日一见实乃幸事。"放到一般人身上，对乔峰这种礼貌式的回应应该会很满意，但"杠精"包不同直接说："非也，非也。我哪有什么英名。江湖上臭名倒是有的。人人都知我包不同一生惹是生非，出口伤人。不过乔帮主，你随随便便来到江南，这就是你的不对了。"

包不同的这句话让丐帮的兄弟十分恼火，纷纷摩拳擦掌准备好好教训一下包不同。但包不同根本不收敛，继续说道："我家公子听说乔帮主是个人物，也知道丐帮里人才济济，所以特意到洛阳拜会阁下。不过你怎么来到江南了？岂有此理，岂有此理！"乔峰听后笑了笑说："慕容公子驾临洛阳敝帮，在下如若提前得知，定当恭候大驾，失礼之罪，先行谢过。"乔峰显然是在道歉，但包不同仍然不给他好脸。杏子林里的气氛一下子变得紧张起来，包不同一行人也被丐帮的人团团围住。

在双方交手的时候，包不同由于有王语嫣这个武学百科全书的指点，与他人交手时并未落下风。不过后来乔峰出手了，包不同自然不是乔峰的对手，还没过几招，就已经被乔峰制住了气门。虽然在武功上输了，但包不同绝不会在嘴上落下风："技不如人，脸上无光！再练十年，又输精光！不如就此罢休，吃尽当光！"

当包不同跟随慕容复一起前往"聪辩先生"苏星河布置的玲珑棋局之处时，人们的注意力都放在了玲珑棋局上，但包不同却在与康广陵斗嘴。

包不同除了喜欢与人抬杠外，还很喜欢嘲讽他人，段誉、康广陵、丁春秋都没逃过他的嘲讽。例如包不同在形容丁春秋的功夫时就说，丁春秋的功夫有三项是前无古人后无来者——马屁功、法螺功、厚颜功。

因为爱抬杠，没有人喜欢包不同，最后他也是因抬杠丧命于自己效忠的慕容复手里。慕容复一心想要完成复国大业，却屡屡失败。慕容复的父亲甚至劝慕容复放弃复国大业，这样才能过上逍遥自在的日子，但慕容复不甘心。后来他为了复国甚至不惜认段延庆为父，以借助大理段氏的力量。

包不同十分不满于慕容复此举，他对慕容复说："公子爷是大燕国慕容氏堂堂皇裔，怎么能轻易更姓为段氏。虽然复国大业异常艰难，但只要咱们全力以赴，能成功完成复国大业自然是好，就算失败了也算是堂堂正正的好汉子。公子爷要是认这个人不人鬼不鬼的人做义父，就算将来成为皇帝也不光彩。更何况一个慕容氏的人，想要去当大理的皇帝，怕是难上加难。"

包不同的这番说辞直接惹恼了慕容复，慕容复认为包不同言语无礼，但并未表露出来，只是说："包三哥，许多事情，你未能明白，以后我会慢慢和你解释。"

包不同摇着头说："非也，非也！公子爷，虽然包不同蠢，但你的用意我却能猜到一二。你只不过是想学韩信，暂时忍耐一时的胯下之辱，以待日后的飞黄腾达。你是想今日改姓段氏，等以后掌握了大权，然后再恢复慕容姓氏，甚至将大理的国号改为大燕；又或者发兵讨伐宋或辽，以恢复大燕的旧疆故土。公子爷，你的用意虽好，但这样一来，却会让自己成为不忠、不孝、不仁、不义之徒，你难免会心存愧疚，也会受到世人的嘲笑。要我说，这皇帝，不做也罢！"

包不同说这番话时，段延庆还在场，这让慕容复抹不开面子，于是慕容复直接给了包不同一掌。包不同在流下两行清泪后气绝身亡。

虽然包不同只是小说中的人物，但在我们的生活中像他这样的

"杠精"也不在少数，他们总是喜欢和别人唱反调，故意和人对着干，总会说一些或做一些违背别人甚至是自己意愿的事情。例如明明很在意、喜欢对方，却表现得毫不在意，或者贬低、嘲笑对方。

那么，为什么有的人总喜欢故意和别人对着干呢？这与他们幼年时期没有形成关爱、安全、舒适的依恋关系有关。如果一个人从小生活在一个被忽视或被伤害的环境中，那么他就会出现依恋障碍，随着年龄的增长，他就会出现如自我封闭、自卑、捣蛋、叛逆等心理问题。对于这类人来说，他们不会用令人舒适的方式来表达自己的真实想法，反而总喜欢为难对方。

这种故意和人对着干的行为能让人在心理上占据优势。对于此类人来说，他们十分在意心理上的优势地位，总想着能通过反对的方式来压对方一头。爱抬杠的人一般不会给别人发言的机会，并且经常说出反对别人意见的话来，以此来满足自己的优越感，这是一种令人讨厌的自恋和叛逆行为。

爱抬杠的人特别在乎自己的感受，不会换位思考，更不会替别人着想。在与人抬杠的时候，他们往往会表现出一种唯我独尊的姿态，觉得什么事情都应该由自己说了算，别人都应该听他的。或许在他的成长过程中，他没有得到表达和被尊重的机会，所以希望通过抬杠的方式来寻求补偿，或许抬杠会让他显得与众不同，但却会破坏他在他人心目中的形象，而并不会帮他真正赢得他人的尊重和重视。

"杠精"虽然不被人们所喜爱，却总能刷足存在感。例如在许多偶像剧里，都会有这样的设定，女主角通常很喜欢和男主角抬杠，从而成功吸引男主角的注意，让男主角觉得这个"杠精"女主角与自己认识的其他女人都不一样，很特别。女主角通过抬杠的方式博得了别人的注意，从而逐步实现"逆袭"。但这毕竟是偶像剧里的套路，在现实生活中往往并不管用，反而很容易给自己带来祸患。

在亲密关系中，性格固执的人也总喜欢和别人对着干，不会轻易表达出自己的真实意愿。因为在他们看来，如果将自己的心意真实展现给对方，那么就意味着让自己处于一种可能被拒绝的危险境地之中。一旦自己主动表达对对方的爱意、关心，就意味着把自己摆在被动的一方，面临着被拒绝、被背叛的危险。与其让对方先讨厌自己，倒不如自己先表现出讨厌对方的样子；与其表达自己的真实心意，倒不如和对方对着干，用这种毫不在意对方的表现来"保护"自己。在恋爱关系中，一些人非常在意到底是谁先提出的分手，因为这意味谁才是那个被拒绝、被背叛的人。他们不允许自己成为那个被抛弃的"弱者"。

这么做表面上看起来是保护了自己的自尊心，但会将对方推得越来越远。对方会感觉自己被伤害了，也会变得固执起来。当双方都坚持毫不让步的时候，这段关系就会变得紧张起来，甚至直接走向破裂。但对于性格固执的人来说，他不会这样认为，当对方离开自己后，他反而会认为还好自己没有表达出真实的心意，认为自己有先见之明。

当然，除了固执己见的人喜欢和人对着干外，其实任何人都可能出现这种故意与人对着干的心理和行为，尤其是当一个人心情不好时，他总是很难顾及他人的感受，很容易故意和别人对着干。如果一个人感觉到自己被对方忽视，那么他就会产生一种焦虑感，变得愤怒和富有攻击性。在这种情况下，人很容易故意做出违背对方意愿的行为，明明知道对方期望的是什么，却偏偏朝着与之相反的方向去说、去做。

幼年期的依恋关系

父母都希望自己能拥有一个听话的孩子，如果孩子总不听话，或者总和父母对着干，那么这个养育的过程就会变得十分艰辛。为什么有的孩子很听话，有的孩子却很叛逆，总是和父母对着干呢？这与他们幼年时期和养育者形成的依恋关系密切相关。

英国发展心理学家约翰·鲍比提出了著名的依恋理论，在他看来，生命早期的依恋会影响一个人一生的发展。他的学生玛丽·安斯沃斯在之后的研究中取得了重大进展，并提出了一个新的依恋理论，即依恋的安全性。

在安斯沃斯看来，个体之间的依恋关系之所以会存在差异，是源于依恋的安全性或不安全性。为了验证这个猜想，安斯沃斯设计了陌生情境实验，用来测验 1 岁婴儿对母亲依恋的安全性。

安斯沃斯为参加实验的母亲和儿童准备了一个房间，房间非常舒适，里面还有一些玩具。接下来，儿童将会面临不同的情境。

第一种情境是实验组织者向母亲和儿童介绍实验室，然后离开；第二种情境是儿童在母亲的陪伴下在实验室内玩玩具；第三种情境是陌生人进入实验室，并与母亲交谈；第四种情境是母亲离开实验室，留下儿童与陌生人相处；第五种情境是母亲回来，并安抚儿童，陌生人离开；第六种情境是母亲离开实验室，让儿童独处；第七种情境是陌生人再次进入实验室，并安抚儿童；第八种情境是母亲再次回来，安抚儿童，并尝试着与儿童一起玩玩具。

在这些情境中，有三类情境是最重要的。在第二种情境中，环境虽然是陌生的，意味着不安全，但由于有母亲的陪伴，儿童的不安全感会削减许多。如果儿童对母亲的依恋对儿童来说意味着安全，那么他就能尽快适应陌生的环境，并开始自由探索，即玩玩具。在第四种和第七种情境中，母亲离开，儿童与陌生人独处。对于儿童来说，陌生人是一个未知的威胁，会使其产生压力，儿童对陌生人友好安抚的接受能力也可以测验出他对母亲所怀依恋的安全性。在第五种和第八种情境中，母亲回来，这是儿童与母亲重聚的时刻，儿童对母亲的反应会有所不同。

安斯沃斯通过观察实验儿童在这些情境中的反应，将儿童对母亲的依恋关系划分为四种，即安全型依恋、拒绝型依恋、回避型依恋和混乱型依恋。

安全型依恋是这四种依恋关系中最健康的一种，大约占样本的65%。在此种依恋关系中，母亲会给儿童带来心灵上的安抚，儿童在母亲的陪伴下，能尽快适应陌生环境，并与陌生人进行友好互动。当母亲离开时，儿童会焦躁不安，有典型的分离焦虑；当母亲回来时，儿童就会十分高兴，并与母亲产生身体接触。

在安全型依恋关系中，母亲的敏感性很高，她能敏锐地感受到孩子的所需，并且给出积极的回应，还能与孩子形成良性的互动。

拒绝型依恋是一种不安全的依恋关系，大约占样本的10%。在陌生的环境中，儿童虽然有母亲的陪伴，但仍表现出紧张不安，仍紧紧地与母亲挨在一起，很少会主动探索陌生环境，面对陌生人的友好互动也充满了警惕。当与母亲重聚时，儿童会产生矛盾的行为，既渴望与母亲靠近，又拒绝与母亲产生身体上的接触。这说明儿童此刻的心理是矛盾的，既对母亲的归来感到高兴，又很生气母亲离开自己的行为。

在拒绝型依恋关系中，母亲往往很容易感情用事，即不会合理控制自己的消极情绪，高兴的时候能与孩子进行亲密互动，不高兴时就会忽视孩子，甚至将自己的不良情绪发泄到孩子身上。在这样的养育者的照料下，孩子会产生许多矛盾的行为，会通过纠缠、哭喊等方式来吸引母亲的注意，当母亲没有回应时，他们就会显得很生气。总之，母亲在养育过程中若总是按照自己的心情来照顾孩子，或者过分溺爱孩子，或者完全忽略孩子的感受，只让孩子按照自己的标准来，甚至会过分约束孩子的行为，这种养育方式是不健康的。这类母亲表面上看起来好像在尽力满足孩子的需求，实际上她是完全按照自己的需求来行事，甚至可以说是一个以自我为中心的母亲。

回避型依恋也是一种不安全的依恋关系，大约占样本的20%。在此类依恋关系中，儿童与母亲的关系显得很冷淡，不会出现亲密的互动，当母亲离开时，儿童也不会表现出分离焦虑。儿童能与陌生人进行交流，但有时会显得非常冷淡。

在回避型依恋关系中，母亲往往会走两个极端。其中一个极端是总以消极的状态面对孩子，无法形成积极的母婴互动关系，因此孩子会觉得母亲不喜欢他，于是就对母亲产生了回避型的依恋关系；另一个极端即过度关注孩子，总是给孩子以积极的刺激，当孩子表现出疲惫时，也不会停止，孩子难以承受这种过度热情的母亲，从而表现出了回避的状态。此外还有一种情况，即日常照顾孩子的人不是母亲，而是祖父母、保姆等人。

混乱型依恋是最不安全的一种依恋关系，大约占样本的 5%。所谓混乱型依恋，就是指拒绝型依恋和回避型依恋的结合。在这种依恋状态下与母亲重聚时，儿童可能会显得很冷淡，也可能想靠近母亲，但当母亲主动与儿童接近时，儿童却会跑开。

在混乱型的依恋关系中，儿童极有可能遭遇了忽视和虐待，从而使儿童对母亲产生了一种畸形的依恋，不知道是该靠近母亲还是远离母亲。这种母亲常常缺乏敏感性，而她的孩子会有十分强烈的不安全感。

拥有混乱型依恋关系的儿童长大后，也极有可能成为缺乏敏感性的养育者。一个在童年期被忽视或被虐待的人长大后，为了避免悲剧的重演，在有孩子之前，会暗暗发誓一定要好好对待自己的孩子。但在照料孩子的过程中，他总会遇到一些棘手的问题，例如婴儿无休止地哭闹、突然发脾气，这些都是很常见的问题，但在缺乏敏感性的养育者眼中，这却是很严重的问题，他会感觉自己被孩子拒绝了，尤其是当婴儿显得漫不经心时，这种被拒绝的感受会更加明显。渐渐地，缺乏敏感性的养育者可能就会步自己父母的后尘，开始忽视或虐待自己的孩子。

在这项实验研究中，参与实验的儿童的年龄只有 1 岁，他们在这么小的年龄中所体现出的不同依恋类型会影响他们长大后的性格发展吗？一项追踪调查研究的结果或许能给我们答案。

在这项调查研究中，研究者对一些儿童测试了他们的依恋类型，这些儿童只有 15 个月大，等这些儿童长到 3 岁半时，他们已经到了上幼儿园的年龄，研究者对他们进行了观察。结果发现，那些能与母亲形成安全依恋关系的儿童在幼儿园里最受小伙伴们欢迎，而且学习能力也不错。相反，那些没有与母亲形成安全依恋关系的儿童在幼儿园里表现出的性格很不讨喜，在加入其他小伙伴的游戏时显得很被动，基本上没有什么朋友，学习能力也较差，他们好像对学习一点儿兴趣也没有。

当这些儿童长到十一二岁时，研究者再次对他们进行了观察，是在他们参加夏令营活动时进行观察的。研究者发现，那些与母亲形成安全依恋关系的儿童在成长为青少年时，依旧很受欢迎，他们有很多朋友，社会交往技能也很强。而那些没有与母亲形成安全依恋关系的儿童在成长为青少年时，出现了许多行为问题，普遍表现为没什么朋友、不遵守纪律、缺乏迎接挑战的热情等。

又过了几年，当这些儿童长到十五六岁时，研究者再次对他们进行了观察，结果这次得出了与上次相同的结论。

这项调查研究说明，依恋关系对一个人的性格形成来说十分重要，甚至会影响一个人的一生。在儿童身上表现出的依恋类型，在其成年后也会有所显现。不同成年人也有不同的依恋类型，而依恋关系同样可以体现出一个人的性格。

安全型。此类成年人很容易与他人建立亲密的关系，能安心地依赖他人，也会给他人带来可靠感，不会担心被人抛弃，也不担心与他人关系太过亲密。大约有 60% 的人属于安全型依恋。

回避型。此类成年人很难与他人建立亲密的关系，当与人关系密切时，他会有紧张和不自在的感觉，并且很难相信和依靠他人。大约有 20% 的人属于回避型依恋。

焦虑矛盾型。此类成年人想要与他人建立亲密的关系，尤其渴望有一个亲密的伴侣，但常常担心对方不想与自己在一起，甚至害怕自己会吓跑对方。大约有 20% 的人属于焦虑矛盾型依恋。

凡是在幼年时期没有与母亲形成安全型依恋关系的人，长大后也很容易变得性格固执、倔强，在与人相处的过程中容易惹恼对方。在亲子关系中，固执、倔强的孩子往往很难得到父母的喜爱，因为太难于管教。可是父母越是采取极端的方式对其进行管教，例如殴打，那么孩子就会变得越固执、倔强。

孩子的叛逆行为与亲子关系之间虽然并不存在必然的因果联系，但许多案例证明，越是叛逆的孩子，他与父母之间的关系就越糟糕。因为在亲子关系中，孩子如果能从父母那里获得安全感，那么他与父母之间就能形成良性的互动，他的性格就很容易与他人亲近。相反，如果孩子在主动与父母互动的时候，却被父母忽视甚至打骂，那么他就会受伤，并渐渐开始压抑自己真实的意愿，总是做出一些违背自己意愿，并且给别人找不痛快的事情来，例如叛逆行为或抬杠。

第六章

摆脱双亲的紧箍咒——自我整合

被奴化和扭曲的人格

常言道"自古忠孝难两全"，但在明朝著名清官海瑞身上，这两者就完美地结合了。海瑞既是忠臣，又是孝子，可谓古代官僚的模范。但海瑞的家庭生活却很凄惨，尤其是他的妻妾们总是遭遇不幸。

海瑞 4 岁丧父，由母亲一人独自带大，海家三代单传，家庭关系比较简单，但自从海瑞长到娶妻的年龄后，他的家庭关系再也简单不起来了。据说，海瑞曾有过三位夫人，纳过三个小妾，年迈之时还曾娶过一个年轻漂亮的女子做妾。

海瑞的第一位夫人姓许，具体是海瑞在什么年龄娶进门的，史籍上并未记载，但可以确定的是，在海瑞 34 岁的时候，许氏被休了。在那个年代，一个女人如果被丈夫休弃，那么她的下场将会很悲惨。一般情况下，丈夫即使对妻子再不满意，只要她并非犯了大错，都不能休弃她，况且当时海瑞与许氏已经有了两个女儿，让许氏离开自己的骨肉，想必十分痛苦。不过两人离婚在当时还闹出了不小的风波，许氏还专门到衙门去状告海瑞。

那么，海瑞为什么要休掉许氏呢？实际上，许氏并未犯下什么大的过错，如果真的要找个理由，那就是没给海瑞生个儿子，毕竟海瑞是三代单传，而在古代，无子是个不小的罪名。但许氏还在生育的年纪，她已为海瑞生了两个女儿，生育似乎不是问题。

所以有了另一种猜测，这种猜测也得到了许多人的认可，那就是认为许氏与海母之间存在婆媳矛盾。海瑞早年丧父，孤儿寡母相依为命，靠祖上留下的几十亩田，勉强维持生活。海母谢氏性格刚强，对海瑞的管教十分严格，从不允许海瑞与同龄人玩耍，要求他刻苦学习。在海瑞长大成人并做官娶妻后，海母在海瑞的人生中依旧扮演着十分重要的角色。这是单亲家庭中一种十分常见的现象。但海瑞与普通单亲家庭的孩子稍有不同，他是个出了名的孝子，十分懂事听话，是海母心中的好孩子，但却是妻子心中不合格的丈夫。对于母亲的话，海瑞从来不管对与错，只会无条件服从，如果许氏得不到海母的认可，那么她在海家的地位可想而知。丈夫会永远无条件地与他的母亲站在一边，而她则一直孤立无援。

很快，海瑞就娶了新夫人潘氏。婚后不到一个月，潘氏也被海瑞休弃。

接着，海瑞娶了新夫人王氏。王氏过门后开始为海家添丁进口，一下子为海瑞生了两个儿子，分别取名为中砥、中亮。不久之后，王氏还为海瑞生下了一个女儿。

嘉靖四十三年，海瑞被调到京城户部任职。本来，海瑞上任后不久就应该将家眷安置到京城，但无奈海母不喜欢北方寒冷的气候，海瑞只能独自带着两个仆人到京城任职。

嘉靖四十四年，海瑞因上《治安疏》惹恼了皇帝，被判下狱。不久，海瑞的两个儿子就死了，死时一个11岁，一个9岁。这对海瑞和海家来说都是一个致命的打击。

　　隆庆二年，王氏在七月的一个晚上离奇去世。海瑞对外声称王氏是生病死的。但人们都猜测，王氏应该是自杀身亡。在王氏去世的前11 天，海瑞的妾侍韩氏就上吊身亡了。接二连三的家庭悲剧让海瑞十分痛苦，他在写给朋友的一封信中提及了自己的痛苦，说自己"每一思及，百念灰矣"。

　　其实不仅海瑞痛苦，海瑞的夫人和小妾们也很痛苦，海瑞的子女生活在这样一个压抑扭曲的家庭里想必也是十分痛苦的。在姚士麟所写的《见只编》中记载了海瑞其中一个女儿的死亡原因。海瑞有一个5 岁的女儿，一天，海瑞看到女儿正在吃一块饼，海瑞就问饼是谁给的，女儿回答说是家里的男仆给的。海瑞很生气地责骂女儿，说你怎么能随便接受男仆给的食物呢？你不配做我的女儿，你如果饿死，那才算是有骨气，才是我的女儿。女儿听了海瑞的话十分伤心，哭了很久之后就开始绝食，不论家里人怎么劝都不吃东西。七天后，海瑞的女儿饿死了。最后姚士麟还对这个女孩进行了评价，在他看来，不是海瑞也生不出如此刚烈的女儿。与其说姚士麟是在称赞海瑞女儿的刚烈，倒不如说是在讽刺海瑞偏执的教育。

　　隆庆四年，海瑞的退休申请获得批准，他回到家乡过上了闲散的生活。到了万历十二年，已经 72 岁高龄的海瑞重新回到官场。据记载，当时海瑞家中一共有"二媵四仆"，媵是指侧室。可见，海瑞在老年时期曾纳过两个小妾，其中一个小妾十分年轻漂亮，这也成为政敌攻击海瑞的把柄。即使有人想为海瑞说话，也会对海瑞纳妾的事情避而不谈。

　　"人活七十古来稀"，海瑞在 70 多岁的高龄偏偏还要纳一个年轻漂亮的小妾，何况他身边本还有一个小妾。在那个年代，像海瑞这样的官员纳妾是十分常见的，但像海瑞这样高龄的官员纳妾却并不是光彩的事情。

海瑞是明朝有名的清官，人人都知道他很穷，那么他哪里来的钱去纳妾呢？纳妾是需要一定财力的，尤其是纳一个年轻漂亮的小妾。据估算，在当时想要纳妾必须花上100多两银子。海瑞一生一直在不断娶妻与休妻，以及纳妾中度过，那么他花在这上面的费用应该很多，可以说海瑞的绝大部分积蓄都花在了这上面。这让海瑞的日子过得十分清贫。据说，海瑞死的时候穷得叮当响，就连买棺材的钱都没有，幸好海瑞的好友出钱给海瑞买了一副棺材，要不然海瑞连下葬都很困难。

那么，海瑞为什么要不断娶妻呢？根源就在海母身上。海母的教育模式在那个年代看来十分成功，她培养出了一个清官和孝子。但海母却是明朝有名的恶婆婆，海瑞娶了那么多老婆，都与她相处得不愉快。

一个人想要"奴化"另一个人，听起来匪夷所思，其实很容易做到，他只要让这个人对自己产生责任心、愧疚感和对离开自己感到恐惧就可以了。实际上，海母一直在利用这些手段奴化海瑞，海瑞的人格因此变得扭曲起来。对于海母来说，海瑞并不是一个独立的人，他只是自己的私有财产，海母一直是海瑞精神世界的独裁者。海瑞在面对海母时，十分孝顺听话，否则他就会产生愧疚感，认为自己失德，有违从小所接受的教育。

在海瑞的人生中，父亲是缺席的，他在一个失衡的家庭中长大，母亲是他的唯一，在他的认知中，他必须得听母亲的话，不然就是不孝。在孝道的控制下，海瑞解决家庭矛盾的方式只有一个，即休妻。

"奴化"这个词听起来十分可怕，但在实施的过程中却是润物无声的，被奴化者会在养育者的教育下产生心理认同，认为养育者所做的一切都是为了自己好。

在电视剧《大明王朝 1566》中有这样一个细节。40 多岁的海瑞连正常的夫妻生活都不会享受，每天晚上都要陪着母亲同屋而眠。每天晚上，海母都会让海瑞背诵一段圣人之言给自己听，有时候还会让海瑞背诵《孝经》。由此可见，海母一直是海瑞精神世界的操纵者和独裁者，海瑞一直未获得人格上的真正独立。当然这只是电视剧中的场景，许多人会怀疑其真实性，但从史料中记载的海瑞的种种行为，以及其妻妾、子女的悲惨生活中可以看出，海母对海瑞的操控可能有过之而无不及。

这种奴化过程，在亲子关系上尤其容易发生。亲子关系中，养育者与孩子之间有着很大的年龄差，当长者试图控制幼者的时候，年龄差会给他带来极大的优势。在养育孩子的过程中，孩子由于年幼，并无成熟的是非对错的判断能力，所以养育者可以轻易地用爱的名义来对孩子实施控制。由于年龄和经验上的差距，孩子就算对养育者的某些言行感到不满、痛苦，很多时候也只能选择接受，毕竟他们自己也解释不清楚。

在一个人的幼年时期，母亲扮演着十分重要的角色，我们会恐惧与母亲分开。但随着年龄的增长，我们的人格渐渐独立，会明白与母亲的分离是必然的，因此不再那么恐惧，只剩下淡淡的伤感。但对于像海瑞这样被奴化的人来说，他的一生都在恐惧着与母亲的分离，因为他的人格没有得到完善和独立，与从小依赖的母亲分离对他来说是无法接受的痛苦。

对于海母来说，能有海瑞这样一个孝顺听话的儿子，想必日子也过得十分顺心。但对于海瑞来说，他的人生简直就是一场悲剧，毫无幸福可言。就算海瑞觉得被母亲全权掌控十分痛苦，他也不会与母亲分离，因为那会让他更痛苦。为了迎合母亲的一切要求，海瑞会不断进行自我压缩，例如他会不停地休妻以让母亲快乐，从来不觉得家庭矛盾的根源出在母亲的身上。

由于母亲一直垄断着海瑞的情感世界，海瑞会产生一种错觉，即认为只有母亲的爱才是最有价值的。就算海瑞娶妻生子，他也无法与妻子或孩子建立起正常的亲密关系。海母在选择儿媳时，定下的标准并不是海瑞是否喜欢，而是自己是否满意。在母亲的霸道控制下，海瑞的人格并未像正常人一样得到自由的发展，他成了母亲的附属品。在这样病态的母子关系中，失去海瑞的支持和关爱的妻妾们自然活得十分痛苦，他的孩子们过得也不会幸福。

操纵带来的快感

在奥地利作家埃尔弗里德·耶利内克创作的小说《钢琴教师》中，女主角埃丽卡是一个钢琴教师，她从小生活在母亲的高压控制下，她的一言一行甚至连穿着都必须得听从母亲的安排。虽然埃丽卡已经年近40岁了，但她还是一点私人空间都没有，她就好像母亲的私有财产一样，一切都在母亲的掌控之下。

埃丽卡的人生中只有母亲，对于她而言，父爱是稀有而珍贵的东西，因为她的父亲在她很小的时候就死在了精神病院里。幼年时的埃丽卡展现出了非凡的音乐才华，她的母亲便开始倾尽全力培养她，希望她能成为一个著名的音乐家。

在音乐学院的一次重要的毕业音乐会上，埃丽卡得到了一个很好的展示自己的机会，但她却搞砸了，她的演奏大失水准，家里也已经没有钱再支持她去实现音乐理想了，于是她只能去当钢琴老师。对此，母亲十分失望，但她对埃丽卡的控制欲望却更加强烈了，甚至到了无孔不入的地步。有这样一个母亲，埃丽卡的生活十分单调枯燥，她交往的男人极其有限，知心朋友也没有几个，她的生活中只有自己与母亲。每当埃丽卡外出时，她的母亲就会催促她赶紧回家。即使埃丽卡在外面，母亲也会派人监视她的一举一动。

为了摆脱被母亲控制的痛苦，埃丽卡开始自残，她会独自一人待在房间里，然后用随身携带的刀片割伤自己的胳膊，接下来她就静静地看着鲜血从自己的伤口往外不停地流出来。

后来，埃丽卡开始去观看色情表演。埃丽卡下班后不会直接回家，而是乘坐有轨电车到郊区的一个地方，在那里的一座高架桥下面有一个小店，人们可以通过投币的方式来观看色情表演，小店里有许多裸体女人登台表演。来这里观看色情表演的都是男人，埃丽卡混在其中是个另类，她会一边看表演，一边听着男人们喊脏话。

在第二届巴赫音乐会上，埃丽卡在演奏完毕后，收到了一个长相英俊的年轻男子的告白，他送给埃丽卡一支红玫瑰，还说他认为埃丽卡是个非常美妙的女人。这个人名叫克雷默尔，是埃丽卡的学生。

音乐会结束后，埃丽卡和母亲一起走在去车站的路上。与以往不同的是，她们的身边多了一个热情洋溢的克雷默尔。他一路上兴奋地说了许多话，甚至还大着胆子去抓埃丽卡的手。埃丽卡的表现却很冷漠，她让克雷默尔赶紧离开自己的生活，不然她的生活就会被打乱。

在克雷默尔之前，埃丽卡也得到过其他男人的示好，但每当埃丽卡准备和男人见面或约会时，母亲就会马上跳出来反对，甚至还会以死相威胁，让埃丽卡远离那些男人。于是埃丽卡只能孤独一人麻木地活着。

母亲还禁止埃丽卡买新衣服，会趁着埃丽卡不在家的时候翻她的衣柜，一旦发现她有了新衣服就会马上把新衣服撕毁。埃丽卡一直希望能有一双高跟鞋，母亲提出只要埃丽卡能掌握巴赫的独奏奏鸣曲，就允许她买高跟鞋。在母亲的威逼利诱下，埃丽卡的心理开始变得扭曲起来，她会用偷窃的方式去占有一些东西，然后将其毁掉。有一次，埃丽卡偷了绘画室的水彩颜料和铅笔等物品，然后随手将这些东西扔到了大街上的垃圾桶里。

为了迎接一次即将到来的音乐会，许多学生都在训练大厅里进行排练。当时，一名女学生的鼻子流血了，就让埃丽卡暂时替代自己完成排练。期间，埃丽卡注意到克雷默尔在和其他女学生谈笑，这让埃丽卡嫉妒不已。当流鼻血的女生回来后，埃丽卡离开了大厅，接着她将一个玻璃杯踩碎，并将玻璃碎片用手帕包裹起来，放在了衣帽间里的一件大衣的口袋里。

训练结束后，在衣帽间里，有一名女学生的手被玻璃碎片割破，她暂时不能弹钢琴了。一时间，衣帽间里一片混乱，人们纷纷猜测这到底是谁干的。而克雷默尔知道这是埃丽卡在发泄自己的嫉妒之情，他在厕所里找到了埃丽卡，并一把搂住了她，用手在她的身上抚摸着，埃丽卡没有拒绝，老实配合着克雷默尔。

之后，埃丽卡与克雷默尔展开了一段畸形的恋爱。在这段恋爱关系中，埃丽卡试图扮演如同母亲一样的角色，想要全权控制克雷默尔的一切，就像母亲控制她那样。但克雷默尔却对此感觉很屈辱。最终有一天，在埃丽卡的刺激和暗示下，克雷默尔决定侵犯埃丽卡，这一切就发生在埃丽卡的家中，她的母亲目睹了所发生的一切。

最初，埃丽卡与克雷默尔只是在争吵，但将埃丽卡的母亲吵醒了。紧接着，克雷默尔给了埃丽卡一巴掌，埃丽卡默不作声；第二巴掌再次打在了埃丽卡的脸上，埃丽卡只是小声地哭泣。母亲看到这一切后十分吃惊，她愤怒地请克雷默尔赶紧离开，还威胁说要报警。克雷默尔将埃丽卡的母亲推回房间，她跌倒在地上。之后，克雷默尔开始虐待和侵犯埃丽卡。埃丽卡大声哭起来，她的母亲也哭了起来。事后，克雷默尔恢复了平静，恳求埃丽卡不要将这件事情说出去。埃丽卡没有报警，克雷默尔最终离开了她。

这次恋爱的惨败收场让埃丽卡重新回到了自我封闭的硬壳之中，尽管母亲劝她要多到人群中走走，好结识更多的人，但埃丽卡根本做不到。她变得十分痛苦，痛苦到想要实施一次谋杀。

一天，埃丽卡从厨房里拿走了一把锋利的刀子，并将它放在了自己的手袋里。埃丽卡在人群中看到了克雷默尔的身影，他正搂着一个姑娘，笑得十分开心。埃丽卡看到这个场景后并未愤怒，而是麻木地拿出锋利的刀子刺向自己的肩膀，鲜血顿时从她的伤口中喷涌而出，之后埃丽卡伸出一只手捂住伤口便回家了。

埃丽卡一直生活在母亲的强制和过度保护之下，母亲为了将她培养成一个音乐家，从不会让她做任何家务，因为做家务活时用到的洗涤剂会对她弹钢琴的手造成伤害，她只需要好好练习弹钢琴就好。表面上来看，埃丽卡好像一直受到母亲的庇佑，活在母亲的羽翼下，但实际上母亲以爱的名义一直操纵着埃丽卡，埃丽卡的自由被母亲强制剥夺了，她只是母亲的奴隶，她的人生必须得按照母亲的个人意志进行。

这种过度保护的爱对孩子来说实际上是一种伤害，它使孩子的个人意志被忽略，想法被剥夺，只会成为附属品般的存在。埃丽卡的母亲看似是在无微不至地照顾着埃丽卡，实际上却是在逼迫埃丽卡停止成长，埃丽卡对此只会觉得痛苦和无可奈何。

如果一个人在成长过程中，被养育者强制地控制了一切，那么他就无法成为一个人格自由发展的人。他无法接受自我，很容易产生心理危机，尤其是在长大成人之后，这种心理危机会变得越来越严重。

在埃丽卡与克雷默尔的这段恋爱中，埃丽卡虽然受到了克雷默尔的虐待和侵犯，身心受到了巨大的伤害，但克雷默尔在这段畸形的恋爱关系中也十分痛苦，因为埃丽卡一直试图操纵克雷默尔，只有这样她才能获得心理平衡。但很显然，埃丽卡选错了对象，克雷默尔是个正常的男人，他能意识到埃丽卡给自己带来了痛苦，并且很快让自己摆脱了这段痛苦不堪的恋爱，重新回到原来阳光的生活中。

在强制的母爱或父爱中，爱不再以无私为出发点，而是变成了一种为满足自己精神需求的自私的爱，母亲或父亲会忽略孩子真实的感受和心理需求，用自己的想法来强制安排孩子的一切。这样的养育方式看起来似乎是尽心尽力、无微不至的，好像劳累的是父母，但实际上劳累的是孩子，父母则是享受的一方，父母能从这种强制的亲子关系中体会到一种操纵的快感，在子女面前，父母拥有绝对的控制权，子女必须服从他们的意志，一切都必须按照他们的要求来。

在埃丽卡年幼时，她的母亲就给她选择了人生方向，即为音乐献身，成为著名的钢琴家。当埃丽卡搞砸后，母亲开始强制女儿按照自己的意愿生活，让埃丽卡过着一种教徒般的生活，不允许穿花哨的衣服，不允许在外面待太长时间，不允许谈恋爱。只要埃丽卡没有按照自己规定的时间回家，那么等待她的将是无休止的盘问，甚至是辱骂。

对于这种强制的母爱，埃丽卡虽然觉得很痛苦，她不想成为母亲心目中那种纯洁的修女，但她很赞同母亲对男性的看法。她在男人面前表现得十分冷傲，没有男人愿意和一个总是对男性抱着轻蔑态度的女人在一起，就像克雷默尔说的："你不能这样侮辱一个男人。"由此可见，埃丽卡的思想已经完全受其母亲的影响和操控了，她常常觉得自己像个活死人一样，她当然会有这样的感受，因为母亲拥有她人生的绝对操控权，她就像一个木偶娃娃一样，被母亲拉扯着来演完母亲给她规划好的这场人生大戏。

埃丽卡也会觉得痛苦，不甘心完全受母亲的摆布，因此会时不时地做出一些挑衅母亲的举动，例如下班故意不按时回家，去看色情表演，或者自残等。但显然埃丽卡已经适应了母亲强制压迫自己的生活，不然她也不会年近40岁了还与母亲居住在一起，她完全可以搬出去，她有这样的经济能力，这样她就可以完全摆脱母亲的控制了，但她没有这么做，因为从心理需求上，她也需要母亲的陪伴，尽管这很痛苦。

在亲子关系中，婴儿会依赖父母，因为婴儿是那么脆弱，除了依赖父母之外别无选择。被依赖的父母也会因此感到满足。但随着年龄的增长，一个人会变得越来越独立，越来越不需要依赖父母，于是不少父母会产生一种"孩子翅膀硬了"的怅然感。但对于强制性的父母来说，他们会让孩子对自己产生终身的依赖感。

想让一个人依赖自己，就必须得让他有一定的"缺陷"。例如一个身体有残疾的人，在日常生活中就很需要依赖另一个人。当然，强制性的父母不会故意给自己的孩子制造身体上的残疾，他们只会让孩子精神"残疾"，让他们脱离了父母的掌控就无法生活下去。例如，他们会无微不至地照顾孩子的生活，让孩子成为一个动手能力很差的人，那么他就永远需要父母陪在身边了。这虽然会使强制性的父母产生一种内疚感，但他们会通过某种方式来消除内疚感，即放弃自己的一些需求，全心全意满足孩子的需求，从而产生一种"我是个伟大的父亲或母亲"的错觉。例如埃丽卡的母亲会将所有的家务活包揽下来。

乖乖听话就是好孩子

《孔雀东南飞》是一出婚姻悲剧，刘兰芝、焦仲卿深爱着对方，本可以好好过着平凡而幸福的日子，但因焦仲卿母亲从中作梗，他们最后不得不双双殉情而死。对焦母来说，又未尝不是一个悲剧。焦仲卿在决定殉情之前对母亲说了这样一句话："命如南山石，四体康且直。"听起来焦仲卿是在祝愿母亲长命百岁，但对于焦母来说，这却是锥心的一句话。焦母将焦仲卿视为人生的全部，焦仲卿死了，她很可能也会活不下去，结果儿子临死前却祝愿自己长命百岁。

"十三能织素，十四学裁衣，十五弹箜篌，十六诵诗书。"这四句话是刘兰芝在陈述自己出嫁之前所接受的教育，她达到了封建社会对一个贤妻良母的所有要求。

"十七为君妇，心中常苦悲。"这是刘兰芝在嫁给焦仲卿之后的感受。刘兰芝是个完美的女人，她认为自己应该得到幸福的婚姻生活，但由于丈夫的忽视和婆婆的刁难，刘兰芝的婚后生活过得苦楚、悲伤。

"君既为府吏，守节情不移。贱妾留空房，相见常日稀。"焦仲卿与刘兰芝结婚后，长时间在外工作，两人一个月中见面的日子也很有限，但焦仲卿没有考虑到刘兰芝独守空房的感受。这对刘兰芝来说本就酸楚，再加上家中还有一个处处刁难自己的婆婆。

"鸡鸣入机织，夜夜不得息。三日断五匹，大人故嫌迟。非为织作迟，君家妇难为！"刘兰芝每天鸡叫时分便开始起床织布，一直到很晚才能休息，三天就能织出五匹布来。即便这样，她的婆婆还不满，总是嫌她织布的速度慢。于是刘兰芝发出了"君家妇难为"的感叹。最后，刘兰芝向焦仲卿说了气话："妾不堪驱使，徒留无所施。便可白公姥，及时相遣归。"意思是我受不了了，天天待在这个家里一点盼头都没有，你不如休了我吧。这是刘兰芝在忍受了一段时间后的暴发。

焦仲卿是一个庐江小吏，不聪明，也有些软弱，他毕生的追求可能就是老婆孩子热炕头。但是很无奈，刘兰芝是一个性格独立、有主见的人，她不想像焦仲卿那样成为一个任由焦母驱使的"小绵羊"，她既然从这个家中感受不到温暖，那么甘愿决绝地离开。

听了刘兰芝的话，焦仲卿觉得对不起妻子，于是去找母亲谈话。他说："儿已薄禄相，幸复得此妇。结发同枕席，黄泉共为友。"焦仲卿一边贬低自己，抬高妻子的身价，一边陈述自己与刘兰芝之间深厚的夫妻感情，表明自己要与妻子同生共死。

焦仲卿是表达了自己的肺腑之言，说明了妻子对自己的重要性，但却加深了婆媳矛盾。焦母年纪轻轻就守寡，她将所有的情感都寄托在了儿子的身上。对焦母来说，刘兰芝显然是个入侵者，她抢走了自己的宝贝儿子。焦母对刘兰芝本就存在一种抵触情绪，儿子的这番话更会让她觉得自己被抛弃了，于是她将满腔怨恨都发泄到刘兰芝的身上。

"共事二三年，始尔未为久。女行无偏斜，何意致不厚？"这是焦仲卿接下来对焦母说的话，这句话直接将婆媳矛盾激化了，让焦母开始有了休掉刘兰芝的想法。焦母本就对刘兰芝不满，结果焦仲卿却说要和刘兰芝幸福地过一辈子，还问妻子明明做得很好，您为什么就不满意呢？焦仲卿本想为妻子说情，让母亲心宽，却让焦母觉得儿子在指责自己。

焦母说了这样一番话："何乃太区区！此妇无礼节，举动自专由。吾意久怀忿，汝岂得自由！"由此可见，焦母对儿子维护刘兰芝的言行十分不满，她说儿子见识短、没出息，是个太过看重儿女私情的人。从焦母对刘兰芝的评价中可以看出，焦母和刘兰芝的性格有些相似，都不愿被人束缚、有些强势。她们互相在忍受对方，早就不满于对方的言行了，只是一直在积压这种不满，只等待一个时机发泄出来。焦仲卿的这番话让焦母对刘兰芝的不满达到了顶点，转化成了愤怒，给刘兰芝安了一个莫须有的罪名——"此妇无礼节，举动自专由"。

"东家有贤女，自名秦罗敷，可怜体无比，阿母为汝求。"焦母的心中早有了心仪的儿媳妇，邻家的秦罗敷是个温柔懂事的好姑娘，她或许不如刘兰芝漂亮、能干、贤惠，但是个听话的好孩子，不会做出忤逆焦母的行为，这才是焦母为儿子，更准确地来说是为自己挑选的满意的儿媳妇。由于焦仲卿的话，焦母对刘兰芝厌恶到了极点，恨不得刘兰芝马上离开焦家，所以说出了："便可速遣之，遣去慎莫留！"焦母想要让儿子听自己的话，休掉刘兰芝，迎娶秦罗敷。

焦仲卿说了一句："今若遣此妇，终老不复取。"这对焦母来说俨然是一种威胁了。焦仲卿是个有些软弱，又有些愚孝的人，他会形成这样的性格，与强势的母亲是密不可分的。对于焦母来说，儿子从小就是个乖乖听话的好孩子，对自己一向唯命是从，如今却因为儿媳刘兰芝的出现竟开始有胆子来反抗自己。这让焦母变得更加气愤，于是她捶床大怒道："小子无所畏，何敢助妇语！吾已失恩义，会不相从许！"

焦仲卿的本意是想解决家庭矛盾，却激化了母亲与妻子之间的矛盾，由于他还要赶回郡府工作，只得决定暂时将妻子送回娘家。刘兰芝认为焦仲卿的这种做法无异于休弃，于是留给焦仲卿一些纪念物后，就离开了。但焦仲卿送刘兰芝离开的时候，指天为证，真切地剖白心意说一定不负她，不久就将她迎回家。刘兰芝深受感动，也发下了"君当作磐石，妾当作蒲苇，蒲苇纫如丝，磐石无转移"的誓言，表示愿意等他。

刘兰芝在娘家待了数日后，媒人就上门给刘兰芝说亲，县令的儿子想娶刘兰芝为妻，但刘兰芝婉言拒绝了。过了几日，太守也派人上门提亲，他家的五公子尚未娶妻，刘兰芝再次婉言拒绝。刘兰芝的态度直接将她的大哥惹恼了，大哥不顾刘兰芝反对，强行为她订下了这门婚事，良辰吉日就选在了三天后。

焦仲卿在刘兰芝即将成为太守家的儿媳妇后十分着急，急忙去找刘兰芝。两人见面后，刘兰芝将事情的原委一一说给焦仲卿听。焦仲卿提到了两人当日的誓言，最后刘兰芝果断地做出决定，两人相约"黄泉下相见"，然后各自回家去了。

刘兰芝出嫁那天，太守家热热闹闹地将刘兰芝迎进家门。到了黄昏时分，前来道贺和喝喜酒的人渐渐散去，太守家开始变得安静起来。刘兰芝履行了与焦仲卿的约定，投水自尽了。

焦仲卿得知刘兰芝自尽的消息后，在树下徘徊了一会儿，也跟着上吊自尽了。最后两人的愿望终于达成，合葬于华山旁。

一个人如果生活压力大，心情苦闷，心中就会憋着一股无名火，憋得时间长了就想要发泄出来，于是就会变得富有攻击性。想要发泄无名火，就必须找一个合适的发泄对象，通常情况下人们都会选择弱于自己的人作为自己怒火的发泄对象。

老板将甲在工作中犯的错误安在了乙的头上，并当着所有员工的面斥责了乙。乙被无辜错怪，积攒了一肚子火，在面对老板和同事时，他会选择憋着，他们都不是合适的发泄对象。于是乙下班回家后，闷闷不乐，随便找了个理由便将无名火发泄到了妻子身上，嫌妻子做的饭太难吃。妻子感觉莫名其妙和委屈，于是开始斥责儿子来发泄怒火，说儿子今天没有按时回家。被冤枉的儿子也十分委屈，但家中没有比他更"弱"的人了，于是他踢了家中的小狗一脚。

在家庭关系中，攻击常常意味着心理摧残，通常情况下孩子会成为父母攻击的对象，成为父母发泄无名火的首选目标。一些父母会产生这样的感受："我辛辛苦苦支撑着这个家，为孩子创造良好的生活条件，我朝他发发火，自己心里舒服一下是理所应当的，他应该用这种方式来为家庭做贡献。"这样的理由可以让父母站在道德的制高点上对孩子颐指气使。

就像焦母一样，她觉得自己一个人含辛茹苦地将儿子抚养成人，儿子给她娶一个顺心的儿媳妇不是应当的吗？所以当听到焦仲卿为刘兰芝说情时，焦母会产生一种感觉，觉得儿子对自己大逆不道都是被儿媳刘兰芝蛊惑的，只有将刘兰芝赶出焦家，儿子才会重新变成以前那个乖乖听自己话的好孩子。并且在焦母看来，自己为儿子做出了巨大的牺牲，儿子孝顺听话也是应该的。只要儿子不听自己的话，焦母就会随便找个理由质疑儿子孝顺的品德。于是焦仲卿形成了软弱的性格，只能对母亲百依百顺。

像焦母这样强势的母亲，虽然将儿子看作自己活下去的意义，全副身心地关爱儿子，但实际上她最爱的人并不是儿子，而是她自己，她始终将自己的感受摆在首位。因此当刘兰芝嫁进焦家后，她觉得自己被儿子忽视了，这是焦母最不能忍受的，于是焦母对刘兰芝的所有言行都看不惯。

焦母的母爱对焦仲卿来说已经成为一种束缚，这种束缚虽然被冠以爱的名义，但实际上只满足了焦母自己的情感需求。焦仲卿的感受则是被压迫得喘不过气来，"母爱"于他而言已经变成了一种攻击和一种难以承受的束缚。因此焦仲卿才会为刘兰芝说情，此时的他并未意识到这是自己在试图摆脱母亲的束缚。对于焦仲卿来说，这是他独立、成长的必然需求，他希望母亲能考虑一下自己的感受。但显然，焦仲卿的这种做法激怒了母亲，焦母一时间根本无法接受那个曾经乖乖听话的孩子变成了敢忤逆自己的男人，于是她下定决心将刘兰芝赶出焦家。不久之后，焦仲卿便用一种极端的方式摆脱了母亲对自己的束缚，即与妻子一起殉情。

如影随形的丧失感

1926 年 6 月 1 日，玛丽莲·梦露出生于洛杉矶总医院，她的原名是诺玛·简·莫太森。诺玛出生后不久，她的母亲格拉迪斯·贝克就去上班了。诺玛的出生对母亲来说可能是个错误，她从未见过自己的父亲，在她出生前她的父亲就带着两个姐姐离开了母亲，从此杳无音信。

在诺玛出生 12 天后，她被母亲送到了一个寄养家庭。不过格拉迪斯并未抛弃她，总会乘坐电车去看望女儿。或许格拉迪斯的生活压力很大，她看望诺玛的次数越来越少，诺玛也越来越失望。有一次，诺玛像往常一样等待母亲来看她，但直到傍晚时分母亲的身影依旧没有出现。养母艾达对诺玛说，她不会来了。诺玛伤心地大哭起来，艾达给了她一巴掌，并骂她坏。这段经历在诺玛的心中留下了深刻的印象，当她成为"全世界最性感的女神"玛丽莲·梦露后，她回忆起这段经历时，捂着脸说："现在还疼。"

7 岁时，诺玛被母亲接回了家，格拉迪斯用非常疯狂的方式拿回了诺玛的抚养权。但诺玛只与母亲短暂相处了一段时间，不久之后她的母亲就因抑郁症拿着菜刀威胁他人，被送进了洛杉矶综合医院，之后又被送到了诺瓦克的一所精神病院。

有人说，格拉迪斯患上了妄想型精神分裂症，有人说她患上了抑郁症。但不论格拉迪斯患有什么样的精神疾病，对于诺玛来说，都是一场劫难。格拉迪斯总是忽然暴怒，又忽然间大笑起来，这让诺玛感到害怕。最后，格拉迪斯死在了精神病院里。对于母亲的患病以及死亡，诺玛一直有一种负罪感，她认为这是自己这个不应该出生的孩子带给母亲的惩罚，她总说自己的出生并不是一个祝福，而是一个诅咒。

格拉迪斯死后，诺玛变得孤苦无依。她的外祖母本应该是最佳抚养者人选，但她拒绝接受诺玛这个私生女。之后诺玛在 11 个家庭间辗转，这 11 对夫妻都是她的养父母，但她并未从他们那里得到过真正的父爱和母爱。诺玛还曾在孤儿院里待过 1 年，那里的生活更糟糕，经常饿肚子。诺玛成名后，她曾去一家孤儿院中访问，触景生情的她失声痛哭起来，之后她向这家孤儿院捐出一笔巨款。她说自己曾在孤儿院里住过，知道饿肚子的滋味。

在诺玛的生命中，父亲一直是个空白，她渴望能像其他普通孩子一样，有疼爱自己的父亲。母亲在世时，诺玛曾问过父亲的下落，格拉迪斯告诉她："你的父亲叫 C. 史坦利·吉福德，他在联合电影工业公司上班。"吉福德是一个有妇之夫，在格拉迪斯怀孕后消失得无影无踪。吉福德的前妻曾对人们说："吉福德总和道德败坏的女人有染。"

有一次，格拉迪斯指着墙上的一张照片对诺玛说："这是你爸爸。"这个人和克拉克·盖伯长得很像。诺玛成名后，她曾在一次好莱坞的宴会上遇到了盖伯，她对盖伯提起了这段往事。他们曾合作过《不合时宜的人》，电影拍完后，盖伯就去世了。这给诺玛造成了巨大的打击，她觉得好像是自己的父亲去世了一样。

最后，母亲的好友格蕾丝·麦基收养了诺玛。麦基是个放荡的女人，整天酗酒。麦基曾将一个房间租给了金梅尔，这是个德高望重的男人。一天，诺玛告诉麦基，她被金梅尔强行拖到房间里侵犯了。麦基根本不相信诺玛的话，毕竟金梅尔是个德高望重的男人，他怎么会对一个年幼无辜的女孩下手呢？

后来，麦基嫁给了一个名叫欧文·戈达德的男人。诺玛此时已经9岁了，她被麦基送回了孤儿院。11岁时，诺玛又被麦基接了回来。麦基对诺玛不错，她有一个好莱坞梦，很喜欢打扮诺玛，会给她化妆、烫发，她对诺玛说："你将来一定会很漂亮，会成为一个女明星。"诺玛本以为她可以从此过上正常的家庭生活，直到她遭受了养父的性侵。诺玛将此事告诉了麦基，于是麦基将诺玛送到了姑母那里。不幸的是，诺玛再次遭到了姑母儿子的性侵。

1942年，麦基准备离开家到另一个州生活，不过为了避免诺玛给自己招惹是非，她想到了一个解决办法，即让诺玛赶紧找个人嫁了。当时诺玛只有16岁，她嫁给了邻居家的儿子詹姆斯·多尔蒂，这个男人比她大5岁。对于第一段婚姻，诺玛是迷茫的："麦基想要我嫁人，她不能再养我了，她决定去别的地方，我没有选择，于是我就结婚了。"

婚后的诺玛变得沮丧、焦虑和歇斯底里，这让多尔蒂难以忍受。第二次世界大战期间，多尔蒂成了一名海军士兵，常年在外。诺玛为了打发无聊的时光，经常到外面喝酒，还与许多男人保持着不正当关系。

1944年，诺玛18岁，她被一个摄影记者大卫·康诺夫发掘。当时康诺夫是美国军方摄影师，他正在寻找合适的模特，然后为她们拍摄一些照片，照片会在军方的一本杂志上发表，目的是鼓励前线士兵。当康诺夫看到诺玛后，他十分惊喜，觉得她十分适合当模特，有明星潜质。于是康诺夫为诺玛拍摄了一组和飞机有关的照片。

虽然这组照片并未被刊登，但诺玛却从此开始了她的模特生涯，在康诺夫的推荐下，诺玛成了蓝书模特经纪公司的模特。做了一年多的模特后，诺玛被福克斯电影公司看中，她拿到了第一份电影合同，开始拍摄电影，并取了一个艺名——玛丽莲·梦露。这一年，玛丽莲与多尔蒂解除了婚约，结束了她的第一段婚姻。

一年后，玛丽莲被解雇了。她没了工作，也没有积蓄，为了活下去以及支付上戏剧课的费用，她只能经常出没在好莱坞的大街上拉客。

1947 年，玛丽莲成了电影制片人乔·申克的情人，申克当时已经69 岁了，玛丽莲只有 21 岁。玛丽莲希望申克帮助自己成为电影明星，她渴望成名："当我看到好莱坞颁奖晚会时就在想，一定会有成千上万个像我这样的女人渴望成为好莱坞明星，但我并不担心她们超过我，因为我的渴望最强烈。"

有些电影明星利用名气捞钱，但玛丽莲却只想成名。玛丽莲死后，许多人都以为像她这样风靡全球的女明星应该有许多存款。但让人们吃惊的是，玛丽莲的财产只有一栋房子和少许的珠宝、存款。

或许对于玛丽莲来说，她一生所求的就是名气。有了名气就意味着有了影响力，就可以吸引许多人，产生一种被所有人注意的感受。这是一种补偿心理的表现，玛丽莲从小父爱缺失、母爱匮乏，在数个寄养家庭中辗转，反复被抛弃，后来还遭受了性侵。她被一种丧失感笼罩着，于是为了消除这种丧失感，她放大自己的优势，追求优越，追求众人的目光。

几个月后，玛丽莲得到了一次拍摄电影的机会，这是一部色情片。电影上映后不久，玛丽莲就在住所遭到了一个陌生男子的侵犯。警察接到报警后赶到玛丽莲的住所，玛丽莲指证其中一名警察，说他就是强奸犯。但没有人会相信玛丽莲这个已经"臭名远扬"的女人，这件事情最后也不了了之了。

1949 年，玛丽莲开始给一本年历当裸体模特。在那个年代，玛丽莲此举引起了不小的轰动，几乎断送了她在好莱坞的前程。

1951 年后，玛丽莲开始飞黄腾达，她慢慢成了人们眼中性感的象征，成了举世闻名的性感女神。1953 年，玛丽莲成为《花花公子》杂志上的裸体模特，之后玛丽莲接连拍摄了许多电影，她开始大红大紫，她出演的 23 部电影创造了 20 亿美元的票房，让许多男人为之神魂颠倒，她平均每周能收到 5000 封求爱信。

玛丽莲为了让自己变得更加完美，开始通过医学手段来弥补自己身体上的缺陷，例如垫高鼻子、漂白牙齿、将头发染成金色。

风光无限的玛丽莲有一颗极其不安、极其匮乏的心，她在公共场合说话时总会语无伦次，她十分害怕以自己为中心的拍摄场面，这会让她紧张到呕吐。当玛丽莲接到重要的电影角色时，她就会非常害怕。

玛丽莲希望自己能尽善尽美，得到所有人的喜爱，十分害怕别人对自己的负面评价，担心在众人面前出丑。这是一种非常病态的追求，会给自己的心理带来极大的负担和压力。与此同时，玛丽莲的婚姻感情生活也开始出现麻烦。

　　玛丽莲的第二任丈夫是著名的棒球明星——乔·迪马吉奥，他比玛丽莲大 12 岁，因在圣诞节前夕送给她一棵圣诞树而赢得了性感女神的芳心。随后玛丽莲就和迪马吉奥结婚了，他们的婚姻在美国引起了轰动。但不到 10 个月，玛丽莲就和迪马吉奥签署了离婚协议。因为婚后不久，他们就开始不停地争吵，迪马吉奥不希望玛丽莲继续在外抛头露面，甚至还对玛丽莲大打出手。

　　30 岁时，玛丽莲嫁给了阿瑟·米勒，一个年长她 20 多岁的男人。米勒是个知名的作家和剧作家。玛丽莲会嫁给米勒，是因为她觉得米勒有学识，除了爱因斯坦外，她觉得最有学识的男人就是米勒了。米勒则喜欢玛丽莲的热情和性感。在与米勒的五年婚姻生活中，玛丽莲曾两次怀孕，但都以流产告终，最终医生告诉她，她再也不可能怀孕。这段婚姻依旧十分糟糕，玛丽莲与米勒常常发生争吵，她的精神状态也变得越来越糟糕，她开始服用一些镇静剂之类的精神药物。这段婚姻依旧以失败而告终。

　　1955 年，玛丽莲开始接受心理分析治疗，她看过许多精神科医生，有时候一周要预约 5 次精神科医生，见医生比见丈夫的次数还多。频繁的治疗并未取得良好的效果，玛丽莲变得更加焦虑，对药物的依赖也越来越严重，甚至不服用安眠药都无法入睡。

　　糟糕的精神状况让玛丽莲在工作时开始变得力不从心，她常常迟到，有一次，玛丽莲缺席拍摄 28 天，导致剧组因为她多耗费了 100 万美元。这使玛丽莲的多份电影合同被解除。即使玛丽莲能按时到场进行拍摄工作，她也会常常忘记台词，这让与她合作的演员和导演都十分痛苦。再加上玛丽莲的年龄在不断增长，她开始被更多年轻的性感女明星所取代。

玛丽莲的一生与许多男人有过情感纠葛，包括当时的美国总统约翰·肯尼迪。但玛丽莲却从未感受过被爱，这些男人只喜欢性感美丽的玛丽莲，而不是那个孤独的诺玛。当然，原因也不能全都怪罪到玛丽莲的丈夫和情夫们身上，玛丽莲在处理两性关系时本就存在很大的问题，或者说她根本不知道该怎么和一个男人建立稳定、长久和亲密的关系。这与玛丽莲糟糕的童年经历密不可分。

一个人的童年经历会影响他的一生，如果他没有从父母那里学会如何与人相处，那么在他成年后，在人际关系的处理上也会手足无措。玛丽莲从小生活在一种极端宽松、缺乏关爱的环境中，她渴望母爱、父爱，但却遭到了拒绝，她甚至从未见过自己的父亲。虽然玛丽莲曾与母亲一起生活过一段时间，但她也很少感受到母爱，她曾说过："我不相信母亲真的想要我。母亲说如果我出生的时候就死了，日子会变得好过很多。虽然母亲早就离开了我，但悲伤却一直伴随着我。"

一个人如果从小生活在一个冷漠、没有人关心的环境中，那么他会体验到一种丧失感，会想要过度的补偿，会想要紧紧依靠一个人，这个人通常是他的配偶。玛丽莲曾那么渴望父爱，她在 16 岁那年试着给生父打电话，但她的生父连电话都不接，直接让自己当时的妻子告诉玛丽莲："他不想与你见面，他建议，如果你不满，可以去找他的律师。"得不到母爱与父爱的玛丽莲开始希望能从一个男人那里得到自己这么多年缺失的爱，她渴望有个男人爱她，她也会全心全意地爱他，但她穷尽一生都没能找到这个人。玛丽莲找了那么多男人，结果这些男人都无法满足她的这种心理需求，她开始对男人丧失了希望："我的父亲在我出生前就逃得无影无踪了，我还能指望其他男人吗？"

1962 年 8 月 4 日，玛丽莲被人发现死在了自己的卧室内，她全身赤裸，身旁放着一个安眠药瓶。法医认定玛丽莲死于自杀，她曾对人说过："我是那种被人发现死在空空荡荡的卧室中的女孩，手中拿着空空荡荡的安眠药瓶。"玛丽莲的卧室里有一架破旧的钢琴，这是她母亲在被送进精神病院前购买的，在穷困之时，这架钢琴曾被她卖掉，在有钱后，她又将钢琴买了回来，这是她的童年礼物。

华生的教育成果

20 世纪，行为主义心理学流派风靡一时。在行为主义者看来，想要了解和控制人的心理，就必须从人的行为入手。如果一个人的某种行为得到强化，那么该行为再次出现的可能性就会增加；相反，如果某种行为伴随着惩罚，那么该行为再次出现的可能性就会降低。行为主义心理学流派的观点在当时产生了很大的影响，影响了许多政策和实践，例如教育政策等。

提起行为主义心理学流派的代表人物，人们通常会想起巴甫洛夫、桑代克、斯金纳等人，这些人提出的观点在心理学界引起了很大的轰动。同样地，约翰·华生在传播行为主义心理学思想上功不可没，他是个天才兜售者，在传扬自己的观点时极具煽动性，能轻易吸引人们的注意力。想要让一种新的理论学说在社会上掀起一股浪潮，最需要的就是华生这样的人。

1878 年，华生出生了，他们家共有六个孩子，他排行第四。华生的父亲是个小农场主，名声不佳而且脾气火暴；母亲是个虔诚的教徒，将日子过得十分节制，她反对喝酒、吸烟和跳舞。母亲希望华生将来能成为一名牧师。父母二人迥异的生活方式，导致华生的童年备受折磨，他面对的是两种完全不同的成人模式。

13 岁时，华生的父亲离开了他们，他和别的女人私奔了。这给华生造成了终身的心理阴影，他憎恨父亲的无情，一直没有原谅父亲，即使后来华生功成名就，他依旧拒绝去看望垂垂老矣的父亲。母亲为了生活只能卖掉农场，带着孩子们到乡下居住。那段时光对华生来说十分黑暗，他常常被同学嘲笑，他的学习成绩也不好，从来没有一门功课及格过。在老师的眼中，华生是个很糟糕的学生，不听话，还懒，而且他与自己的父亲一样，有暴力倾向，在和同学玩拳击时将对方打得血流满面。

年龄稍大一点后，华生决定改变自己的命运，他不想成为一个农夫，他发誓要出人头地。于是华生给教会机构学院的院长写了一封信，希望能申请一个入校学习的机会。院长与华生见面后，对他的印象不错，就让他入校学习。按照母亲的愿望，华生开始学习牧师专业，但由于性格叛逆，他最后放弃了宗教职业。

在同学们眼里，华生是个很另类的人，他性格孤僻，不爱与同学们一起玩。与之前的懒惰不同，大学期间的华生学习非常努力、认真，他将自己的课程安排得满满的，包括圣经研究、希腊文、拉丁文、数学和哲学，他的学习成绩也非常出色。

华生最喜欢哲学课程中的心理学，他在老师的建议下拜读了冯特、詹姆斯等大师的著作。对于自己的老师，华生非常尊重他，但他骨子里的反叛却让老师很头疼。老师曾警告过他的学生们，说如果他们迟交论文，就会面临成绩不及格延期毕业的局面。华生根本不在意老师的警告，结果老师真的给了他一个不及格，为此华生在学校里多待了一年。

毕业后，华生在一所学校里教书，这所学校只有一间教室，老师、校长、门卫、杂务等全部由华生一个人承担。不过华生的课很受学生们的喜爱，他还会训练老鼠在课堂上表演杂技。一年后，华生结束了自己的教书生涯，他想要继续学习深造。

华生直接给一所大学的校长写了一封自荐信，还拜托之前学校的院长给他写推荐信。华生成功申请到进入大学攻读研究生的机会，而且还获得了奖学金。于是华生带着自己的全部家当 50 美元来到了学校里。此时华生的母亲已经过世，父亲依旧毫无消息。

华生最初选择的专业是哲学，修习杜威的课程。很快，华生就转系了，他意识到自己真正喜爱的是心理学。华生在学校的日子过得并不轻松，他一边努力学习，一边找各种各样的兼职来养活自己。华生在寄宿处当过侍应生，也在动物实验室当过饲养员，专养老鼠。由于生活拮据，华生曾一度焦虑到失眠。

25 岁时，华生博士毕业并留校，成了实验心理学的助教。华生在工作中表现得十分出色，两年后升为讲师，又过了两年升为副教授。30 岁时，华生被授予心理学教授职称，他再也不用为钱发愁了。

1912 年，华生在心理学大会上提出了"行为主义者"一词。一年后，华生发表了一篇文章，这意味着心理学界一个新的流派诞生了。

后来华生因为"雷纳事件"和"离婚风波"在学术界变得臭名昭著，此时的他早已在校长的要求下辞职了。由于媒体的大力渲染，华生成了一个引诱年轻美丽的女助手、背叛妻子和家庭的人。事情是这样的：1904 年，华生与自己曾经的一名学生玛丽结婚，玛丽的父亲是前内政部长。婚后，玛丽为华生生了两个孩子。在这段婚姻中，华生一直与许多女性保持着暧昧的关系。华生相貌英俊，在上学期间就很受女孩子的喜欢，再加上此时的华生在心理学界正风生水起，自然得到了许多女人的青睐。玛丽虽然知道华生的一些风流韵事，却并未进行干涉，直到华生与一名年轻美丽的女助手雷纳在一起后，华生经常与雷纳出双入对，而且长时间不在家。玛丽一直在容忍，后来她无意间发现了华生与雷纳之间的情书，这让玛丽倍感威胁，于是决定采取行动。

玛丽本想挽救婚姻，希望华生能重归家庭，此事能悄悄解决，不然华生可能会因桃色事件而被取消教授头衔。但玛丽犯了个错误，她将情书拿给了她的兄弟看。这个男人是一个唯利是图的人，随即拿着情书向华生和地位显赫的雷纳家族索要钱财，被拒绝后，情书落到了校长的手中。

1921 年，华生与玛丽离婚，他们的离婚事件在当时被刊登在报纸头版上。雷纳的叔叔当时是参议员，还因这一事件而受到牵连。10 天后，华生与雷纳结婚。

不久，华生进入广告公司工作，他将心理学知识与营销技术完美地结合在一起，几年后他就成了该公司的副总裁。在此期间，华生虽然不再进行心理学研究，却还在做和行为主义有关的讲座、著述。直到 1930 年，华生才彻底告别了心理学，他买房置地，过上了农场主的生活。

雷纳在 30 多岁时因感染痢疾而身亡，这让华生十分心痛。从那以后，尽管华生与许多女人保持着暧昧关系，却再也没有结婚。

玛丽为华生生下了一儿一女，雷纳为华生生了两个儿子，华生一共有四个孩子。作为一个行为主义大师，华生的教育方式自然会完全贯彻自己的理论。他的两任妻子也曾质疑过华生的教育理论，却不得不听从华生的要求按照该理论对待孩子，毕竟她们是行为主义大师的妻子。

在华生看来，在教育孩子时根本不必投入感情，只需要塑造孩子的行为就可以了，不然过多的感情付出会把孩子宠坏。华生之所以坚持这样的教育理念，与他自身的经历密不可分。华生从小并未得到过足够的父爱、母爱，但他却获得了成功，30多岁就做了美国心理学会的主席。但华生忽略了一点，他的个人经历并不具有普遍性，他本身就是一个很特别的孩子，从小精力充沛而且叛逆。或许华生不需要父母的情感付出也能很好地生活下去，但绝大多数的孩子却并非如此。

事实证明，华生的教育理论并不实用，看看他的四个孩子就知道了。华生的女儿波莉自杀未遂；儿子约翰没有工作，长期在外流浪，偶尔回家看望华生，也只是伸手要钱，而且40多岁就死了；儿子威廉与华生的关系十分糟糕，之后他断绝了与华生的父子关系，后来自杀身亡。与这三个孩子相比，詹姆士算是华生最正常的一个孩子了。

在当时，华生的教育理论十分盛行，他受到了许多育儿专家和父母的喜爱，毕竟当时女性的地位刚刚得到提高，她们要外出工作证明自己。她们很忙，根本没有闲暇时间与孩子建立亲密的关系，所以她们十分赞成华生的理论，认为在照顾孩子的过程中如果投入大量的情感，会导致孩子长大后出现各种问题。她们会按照华生的建议，尽量少亲吻和拥抱孩子，在她们看来那是溺爱孩子的表现。

心理学家哈里·哈洛进行的著名的恒河猴实验证明了华生教育理论的错误。在当时，哈洛曾受到许多人的非议，大量猴子遭到了他的摧残。但是哈洛的实验却证明了华生等行为主义者育儿理念的错误。实验结果直接证明，在孩子的成长过程中，爱比食物更重要，母亲与婴儿需要通过身体的亲昵和接触来表达爱意，足够的爱意才能让孩子健康成长，避免一些心理疾病的产生。因此爱对一个人的成长至关重要，婴儿并不是只需要被喂饱就可以了。不过在当时，哈洛的观点却被精神分析学界和人类行为研究的大师们排斥。

给人格一个重塑的机会

电视剧《欢乐颂》中的樊胜美来自一个吸血鬼家庭，她是家里的"摇钱树"，不仅要按时往家里寄生活费，还要给哥哥准备购买婚房的首付，以及每月为哥哥还房贷，就连嫂子生孩子的钱都由樊胜美来出。就如同樊胜美所说的，她就像一卷卫生纸，被父母用来给哥哥擦屁股。

樊胜美的父母重男轻女，总想着能从女儿那里要到钱，然后帮助自己的儿子，很少考虑樊胜美艰难的处境。樊胜美的哥哥则到处惹事，每次为他收拾烂摊子的都是樊胜美。不论是父母，还是哥哥嫂子，压榨樊胜美都很理直气壮，毫无愧疚。在他们看来，樊胜美是家里唯一一个在大城市里工作的人，她必须得为家里负责。

每当哥哥闯祸后，樊母都会尽力为儿子开脱。有一次，哥哥打人闹事，需要赔钱来解决问题，樊胜美只能省吃俭用，将钱打回家。之后樊母再次要钱，樊胜美实在拿不出了，就让母亲去找哥哥要。结果樊母说，如果你不管，你嫂子就会和你哥哥离婚。最终樊母想出了一个法子，让樊胜美将租的房子退掉，搬到公司暂住一段时间。不论对于樊母还是哥哥来说，他们根本不关心樊胜美如何在上海生活下去，就更别说体谅她，让她感受到家的温暖了。

后来，樊母为了逼迫樊胜美给家里打钱，打电话说谎，称闹事者要抢砸家里的东西，樊胜美听到后也没有办法，哭着说自己不如去做三陪挣钱算了。樊母听到这句话后并未安慰女儿，似乎也感受不到女儿的痛苦。这时，孙子说他饿了，樊母立刻放下电话去给孙子做饭。

对于樊胜美来说，上海的生活虽然艰辛，却能让她暂时远离家庭的烦扰，但就算这份清净最后也被父母给打破了。她的父母带着孙子来上海找她，因为她的哥哥嫂子外出躲债不管他们了。在上海期间，樊父因身体不好突然住院，需要动手术，这需要一大笔钱。樊母怂恿女儿去借钱，樊胜美没有拒绝，对于母亲她一向言听计从，就算母亲的要求再过分，她也只会抱怨母亲偏心而已。但是没有人愿意借钱给樊胜美，谁都知道这是个无底洞。最终还是樊胜美的追求者王柏川提出了一个建议，卖掉樊胜美哥哥的房子。这的确是一个合理的建议，房子虽然在樊胜美哥哥的名下，但出钱的却是樊胜美。但樊母一听说要卖儿子的房子，立刻闹了起来。

摊上这样的父母，樊胜美无疑是十分可怜的。有人觉得，樊胜美完全可以避免受到伤害，她可以与父母沟通，实在不行可以与原生家庭切断联系。显然，樊胜美做不到，她已经被亲情绑架了。被父母剥削时，樊胜美会觉得痛苦，但是如果不管家人，樊胜美会受到更大的内心煎熬。樊胜美其实也找了一个解决办法，即钓上一个全心全意对自己好的"金龟婿"，将所有的重负都转移到对方的身上。樊胜美曾坚信自己能找到"金龟婿"，毕竟她长得十分漂亮。但随着年龄越来越大，樊胜美开始意识到这是一份奢求，于是她最后答应了同学王柏川的追求。

王柏川来自一个小康家庭，曾和樊胜美是同学，在上学期间就倾慕于樊胜美。对于王柏川来说，能得到女神的芳心是一件十分开心的事情，在恋爱初期，王柏川的确享受到了爱情的甜蜜。但渐渐地，王柏川开始感到力不从心了，因为他一直在被樊胜美压榨。樊胜美是个被父母压榨的人，她的内心世界一直很匮乏、很缺乏安全感，所以她像父母压榨她一样竭尽全力地压榨自己的男朋友。

王柏川为了达到樊胜美的要求——在上海买房，每天努力工作。但樊胜美看不到王柏川的努力，她只知道逼迫王柏川赶紧挣钱，因为她想要在上海有一套属于自己的房子，那样她才会有安全感。可是樊胜美要的太多了，她不仅想要物质，还要精神，她希望王柏川能满足自己的精神需求，经常陪陪自己，最重要的是能帮她解决家里的一摊子烂事。对于父母和哥哥嫂子的一系列无理要求，樊胜美想不出解决办法，于是向王柏川求助。王柏川向她提出了许多建议，她都不满意，她一心想让王柏川完美地帮她解决家里的问题，却忽略了王柏川正在忙着谈生意，也没有时间管她家的事情。樊胜美总是在抱怨原生家庭给自己人生带来的种种不幸，但她没有意识到，她对王柏川的索取已经让她变成了与她父母、哥哥嫂子一样的人——总是对亲近的人进行压榨。

情感勒索者往往会以爱的名义对他人进行索取，很少有人能受得了这种勒索，除了勒索者的孩子，他们因难以拒绝而选择承受。当被勒索者是自己的孩子时，勒索者就占据了年龄和亲情上的优势。不论勒索者在现实生活中的状况如何，他远比一个孩子要拥有控制力，毕竟被勒索者比勒索者少了很多年的生活经验。

　　被勒索者在这样类似于奴化教育的环境下长大，他逐渐丧失独立性和完整性，渐渐地成为勒索者的附属品，他会认为勒索者所做的一切都是为了自己好，因为这是勒索者教给他的。勒索者往往会说："我这么做是为了你好。"

　　在这样的环境下长大的孩子，很难形成独立的性格，随着年龄的增长，他会被挫折、孤独、自卑和屈辱的感受笼罩，却很难做出改变。因为改变的过程同样是痛苦的，相当于他的整个内心世界都崩塌了。

　　对于被勒索者而言，他想要做出改变就必须为自己寻找一个感情寄托，将勒索者排除于自己的感情生活之外，从而完成人格的重塑。这个过程十分痛苦，就好像剔除腐肉一样。可是当痛苦过后，被勒索者就能从勒索者的阴影中走出来，并主动与他人建立起正常的亲密关系，如同创伤处长出了新肉。

与双亲之间的互动

　　小惠的童年过得并不顺利，她经常被父母送到亲戚家寄养。小惠的父母经常发生争吵，有时候甚至会动手打架，他们似乎无力关心小惠。小惠在这样的环境中长大，渴望自己将来结婚后能有一个稳定、快乐的家庭，为此她还报名学习做菜，因为她觉得这项生活技能能帮助她组建一个幸福的家庭。

　　后来，小惠嫁给了一个独生子，她的丈夫从小在溺爱的环境中长大，是个比较自私、不合群的男人，他之所以和小惠结婚，是因为他想要一个人来照顾和崇拜他，他根本不是小惠心目中理想的另一半。这个男人并不喜欢家庭生活，更别说和小惠一起努力组建一个幸福的家庭了。

　　由于双方所期望的家庭生活相距甚远，他们总是产生矛盾和问题。这对夫妻解决问题的方式也很拙劣，小惠会恶毒地训斥甚至诅咒丈夫，丈夫则表现得非常冷漠，常常离开家到外面透气，甚至搞出了婚外情。后来，小惠陷入了如同父母当年一样的境地，经常和丈夫吵架，她的女儿根本无法从父母那里感受到温暖，女儿有了和小惠当年一样的愿望，渴望有一个稳定、幸福的家庭。

　　父母对一个人的成长至关重要，双亲是一个人来到这个世上最先认识和依赖的人，能与父母进行良好的互动，婴儿才能健康成长，并且从父母那里学习如何与人相处，如何与一个人建立起亲密的关系。

如果一个人像上述案例中的小惠一样，从小生活在一个充满争吵、不稳定的家庭中，那么他就无法从父母那里获得健康成长所需的关爱和安全感，随着年龄的增长，他会慢慢开始幻想，渴望将来有一个人能填补自己心灵上的匮乏，渴望有一个理想伴侣能帮助自己脱离苦海。也就是说，一个人如果无法与父母建立起亲密的关系，那么他就会渴望从伴侣身上得到这份爱。

不幸的是，现实中的伴侣往往很难与理想中的伴侣相吻合。小惠自以为能从丈夫那里获得自己所缺乏的关爱，但丈夫根本无法满足她，他并不是她理想中的丈夫。所以她变得愤怒、沮丧、失望，甚至觉得丈夫应该为此负责。于是她开始指责丈夫，两人渐渐开始攻击对方。最终，小惠走上了她父母的老路，而她的女儿也变成了另一个"她"，怀着美好的期望等待未来丈夫的救赎，却不知是否又会陷入另一场恶性循环。